耿晓杰 著

第一卷 从先秦到魏晋

古韵流芳

说家具

中国工人出版社

图书在版编目（CIP）数据

古韵流芳说家具. 第一卷，从先秦到魏晋/耿晓杰著.—北京：中国工人出版社，2023.11
ISBN 978-7-5008-8307-4

Ⅰ.①古… Ⅱ.①耿… Ⅲ.①家具–介绍–中国–古代 Ⅳ.①TS666.202

中国国家版本馆CIP数据核字（2024）第002085号

古韵流芳说家具. 第一卷，从先秦到魏晋

出 版 人	董　宽	
责任编辑	葛忠雨	
责任校对	张　彦	
责任印制	黄　丽	
出版发行	中国工人出版社	
地　　址	北京市东城区鼓楼外大街45号　邮编：100120	
网　　址	http://www.wp–china.com	
电　　话	（010）62005043（总编室）　62005039（印制管理中心）	
	（010）62379038（社科文艺分社）	
发行热线	（010）82029051　62383056	
经　　销	各地书店	
印　　刷	三河市万龙印装有限公司	
开　　本	710毫米×1000毫米　1/16	
印　　张	18	
字　　数	280千字	
版　　次	2024年4月第1版　2024年4月第1次印刷	
定　　价	88.00元	

前　言

　　中国古代家具的历史可以追溯到人们从树上搬到山洞里的原始社会时期。为了抵御寒冷和潮湿，人们因陋就简，利用手边可以获得的材料：干草、树叶、打猎得到的动物的毛皮等，制成第一件家具——席。

　　随着社会向前发展，家具变得越来越丰富，我们现在经常看到明清家具拍出几千万元、上亿元的天价，中国古代家具之所以具有这么高的价值，其早期的发展阶段，也就是早期古典家具阶段的美学思想，以及其技艺、设计上的积累是不容忽视的。本书主要介绍的就是从原始社会到魏晋南北朝时期的中国古代家具，主要内容来源于我在中央电视台科教频道《百家讲坛》所做的系列节目"古韵流芳说家具"中第一部的内容，这本书比电视节目中大家看到的要更加丰富和完整。

　　席在中国古代家具发展史上占据着重要的地位，从原始社会一直到魏晋南北朝时期，都是我们古人主要的坐卧用具。商周时期是青铜文化的鼎盛时期，青铜家具与其他青铜器一样主要用于祭祀场合，成为礼器，它们庄严、隆重；商和周的文化不同，商代更重视祭祀和占卜，属于原始文化的范畴，西周更重视礼仪，从商到周是从"神本"到"人本"的转变，这是中国家具审美文化的第一次变迁。春秋战国时期是一个"百家争鸣、百花齐放"的时期，对于家具而言，这一个时期楚国由于其特殊的地理位置、经济实力、审美思想而一枝独秀。楚国从西周时期开始一直到被秦国所灭，绵延了800多年，留下了辉煌灿烂的楚式文化，楚漆家具造型独特、优美，具有浪漫主义色彩，我们从一些出土的文物当中可以一睹其风采。汉代是一个大一统的时代，让人痴迷的是马王堆里出土的数不清的文物，其中也包括了几件震惊世界的汉代家具，让我们领略了汉代贵族的奢华生活；除了这些，汉代还有遍布全国的画像石和画像砖，从这些反映世俗生活的场景中我们也看到了不同类型的家具；在汉代，儒家思想和道教的思想并存，在家具中可以看到这两种思想的深刻烙印。魏晋南北朝时期是一个动荡的、分裂的时期，对于家具发展而言至关重要。这一个时期，人们开始从低坐到高坐，玄学思想的盛行、佛教思想的传入、西域少数民族生活的影响，使得中国的家具发生了第二次大的变革，为中国在明清时期达到艺术成就的巅峰打下了坚实的基础。

中国古代家具文化的发展与中国历史的演变紧密相连，朝代的更替带来了思想和价值观的变化，家具也随之变化，但是其本质仍然是三种审美思潮的交相作用——儒家、道家和佛家。它们彼此不同，又彼此相关，这就是大家看到的随着朝代更替而出现的家具面貌和蕴含的思想的变化。

中国古代家具令我痴迷，欲罢不能，是我为之终生奋斗的事业。也希望它可以给您的生活增添一份诗意和风采，让您从中获得一份力量。

2024 年 2 月 25 日

目　录

第一章　席地而坐

中国古代家具作为世界家具艺术宝库中的一朵奇葩，是先人留给我们的一笔珍贵的财富，它凝聚着千千万万古代手工艺人的心血，是中华民族在长期实践中智慧的结晶，代表着中华民族所特有的文化气质和艺术风格。

本书以"古韵流芳说家具"为题，从中国历代家具作品入手，讲述一件件古代家具精品的历史故事与人文精神，让大家了解中国独有的家具文化与家具艺术。

那么第一章，我们从哪里开始讲起呢？

咱们先看《世说新语》里记载的这个故事。

三国时期有一个著名的隐士叫管宁，春秋时期齐国有个管仲，这个管宁就是管仲的后代。管宁年少的时候有一个同学叫华歆，两个人关系非常好，可以说是形影不离，平时就坐在一张席子上面读书学习，学习累了就一起去后院的菜园里锄草。有一次，管宁和华歆正在菜园里锄草，突然看见地上有一片亮闪闪的东西，华歆赶紧把它捡了起来，一看竟然是一片金子。他高兴地左看右看，喜不自禁，再看管宁依旧挥动着锄头，好像什么也没有看到。过了几天，管宁和华歆正坐在书房里专心读书。忽然，门外响起了一阵锣鼓声，华歆赶快跑出去看，原来门前有一个大官经过，只见那个大官坐在一辆华丽的车子上面，好不威风。华歆看得十分羡慕，管宁却像什么也没有听见，依旧坐在席子上用心读书。直到大官走远了，华歆才回到书房里来。

这时候，只见管宁拿起了一把小刀，把他们俩坐的那张席子从中间割开，席子变成了两半。他对华歆说："你读书为的是做官发财，没有一点儿为国为民的理想。你不是我的朋友，以后咱俩别坐在一张席子上了，各读各的书吧！"

管宁用割开坐席的方式向华歆表示，咱俩之间的情谊从此就一刀两断了。管宁割席的故事告诉我们，交朋友要讲究志同道合，否则就不是朋友，就不应该坐在一张席子上。

　　席，是我们现在经常使用的一个词，比如：出席，缺席；再如：贵宾席，被告席；又如：一席之地，座无虚席；等等。以上说的席，已经不是席的原意了，而是席的引申含义。那么，席，究竟是什么呢？其实，它是中国最古老的一种家具。这一章我们就来讲讲这个席。

席的出现

　　右图为一些编织的苇席残片，是从距今约7000年的浙江余姚河姆渡遗址中发现的，这是我国现存最早的席的实物，总数有上百件之多，其中最大的残片在一平方米以上。这些席所用的篾（miè）条的宽度一般在 0.4 到 0.5 厘米，剖割得十分整齐，粗细一致，厚薄也比较均匀。这些苇席刚出土时颜色鲜黄，纹理也相当清晰。

▲ 苇席残片

　　在 7000 年之前，我们的祖先已经掌握了编织技术，可以编织出纹样复杂和工艺相当精致的席，可以说席是我国最古老的家具之一。

　　在汉代以前，古人和我们现在的起居方式不同，我们现在叫垂足坐，那个时候人们席地而坐。席地而坐，我们现在指的是直接坐在地上，但是当时指的是坐在席子上面，所以席在我们祖先的生活中是相当重要的。

在史书上关于席的较早的、比较详细的记载来自《韩非子》。在这本书里，韩非子讲述了十种君主常犯的、容易导致亡国的过失，里面有这样一段：

> 舜禅天下而传之于禹，禹作为祭器……缦帛为茵，蒋席颇缘……此弥侈矣，而国之不服者三十三。夏后氏没，殷人受之……茵席雕文。此弥侈矣，而国之不服者五十三。

意思就是：舜禅让天下，传给夏禹，夏禹为了祭祀就制作了一批祭器……用缦帛——缦帛指的是没有花纹的纺织席，在草席的四周装饰有斜纹的花边——做车垫……非常奢侈，有三十三个方国不臣服于夏。夏王朝灭亡，殷商称霸天下……他们做的祭器更加奢华，席子上面织有美丽的花纹，更加奢侈，不臣服于商的方国就增加到五十三个。

这段话是告诫君主不要奢侈浪费，这有三次提到了席——缦帛为茵，茵也是席，还有蒋席颇缘和茵席雕文。这反映出，在夏商时期，席不仅是一种日常使用的家具，还是一种很重要的祭祀用品，可以做得非常华丽，在席上织各种花纹，在席的边缘上面也可以花很多心思。

在古代，席的使用非常广泛。大到天子诸侯的朝拜、封侯、祭天、祭祖，小到普通人的婚丧嫁娶、讲学、日常起居等，所有这些活动都要在席上进行。

中国是一个礼仪之邦，从西周开始，古人就建立起了一整套严格的礼仪制度，其中包括用席的礼仪——这就是"五席"制度，也就是说什么人用什么席是有一套严格的规章制度的。

《周礼》中说：

> 司几筵，掌五几、五席之名物，辨其用，与其位。

就是说，"司几筵"是专职掌管设几敷席的官员，负责在不同场合，给不同身份和地位的人安排不同等级的几和席。

什么是五席呢？五席指的是"莞席、缫席、次席、蒲席和熊席"。这五种席都是给比较尊贵的人使用的。

莞席是用莞草编织的席（见下图），广东有一个地方叫东莞，为什么叫东莞呢？就是因为它这里盛产优质的莞草。莞草和草织品两千多年来一直是东莞的一个"物产名片"，它曾经给东莞人民带来了巨大的经济财富，莞席是东莞人的骄傲。在20世纪80年代之前，在广东出口的产品中，莞席不亚于蚕丝，为东莞人赚了很多外汇。《诗经》里说：

　　下莞上簟，乃安斯寝。

意思是说，下面铺着莞席，上面铺着竹席，这样就能睡一个安稳觉。东莞人也有很深的莞席情结。有这样一个故事，民国时在北方的一所大学里，一个来自东莞的大学生大冷天只铺了一床莞席，校长看了后于心不忍，就叫人给他在莞席上面又铺上了一层褥子。过了两天，校长又去看那个学生，却发现他把褥子垫到下面，又把莞席放回了上面。可见东莞人对于莞席的深厚感情。

现在，莞席乃至莞草已经慢慢淡出了东莞人的生活。莞草织业的衰落主要有两个原因。一是塑料席、竹席、空调的出现，人们不再需要莞席了；二是莞草越来越少了，原材料没了，莞席的衰落成了必然的事情。我还专门去东莞找过这个莞席，问了很多地方，都难见其踪迹。这是非常令人遗憾的事情。

▲ 莞席

缫席是一种五彩席，用未长粗时的蒲草加上五彩线一起编织而成，非常华丽，而且比较细致，一般铺在最上面；次席是竹席；蒲席是使用蒲草编织的席，蒲草是一种长在水边或者沼泽地里的水草。

熊席是用兽皮制成的席。人们对于兽皮的使用由来已久。

关于熊席还有这样一个故事。

卫灵公是春秋时期卫国的君主。有一年冬天，天寒地冻，卫灵公决定挖一个池塘，这时候大臣宛春就上疏劝谏说："天这么冷，却让人来挖池塘，这样做不合适啊，会让人们憎恨您啊。"卫灵公说："天冷吗，我怎么不觉得呢？"宛春

▲ 卫灵公

说："君主您穿着裘皮大衣，坐在熊席上面，旁边还生着炉火，当然不觉得冷，可是您看匠役们现在衣不蔽体，鞋还露着脚指头，您还让他们在这样寒冷的天气里挖池塘，您说他们冷不冷啊！"卫灵公听了之后便下令停止这项工程。

这就是五席，都是地位尊贵的人才能使用的席，实际上制作席的原材料远不止这五种，其他材料都是身份和地位比较低的人使用的，通过材料使家具的等级得以区分，所以席是最早的等级制的见证者。

席的形制

右图是 2015 年在河南信阳城八号墓出土的一批彩漆竹席，这批竹席包括 4 条较为完整的彩漆竹席和一沓竹席残片，这些残片有 20 余幅。这些竹席采用黑红两色竹篾编织而成，上面涂饰有大漆，十分精致。经测定，竹篾厚 0.15 至 0.2 毫米，而漆膜的厚度只有 0.02 至 0.03 毫米，相当于正常头发丝厚度的四分之一左右。真的是难以想象，在 2000 多年前，涂饰的技艺已经达到如此高

▲ 彩漆竹席

超的程度。这批竹席从面积、数量、编织的精美程度，到保存的完整性，都是无可比拟的。

看到这些精美的席子，我们就会想到一个问题，这些席子具体是怎样使用的呢？有一句话叫作：天下没有不散的筵席，我们经常把参加一些盛大的宴饮聚会称为去吃筵席。但是筵和席并不是食物，而是大小、粗细不同的两种席。

《周礼》中说：

> 凡敷席之法，初在地者一重即谓之筵，重在上者即谓之席。

什么是筵呢？大的、较粗的通常铺在下面的，称为"筵"；小一些的、比较精致的铺在上面的，称为"席"。如果席铺了不止两层，那么最下面的一层称作"筵"，其余的称作"席"。由于筵和席的铺设方式不同，因此在做工和用料上也不同。筵一般要求耐磨，做工相对较粗；席因为需要贴身坐卧，所以在做工和用料上明显要更精致。

在古代，席在使用方式上分为：单席、连席、对席、侧席、专席等。

单席就相当于现在的单人椅，地位比较尊贵的人就要坐在单席上。可以让几个人坐在一起的叫作连席，相当于我们现在的连排椅。一般连席可容纳四人，四

▲ 单席

▲ 连席

人共席的时候应当让长者坐在席端，如果有五个人，那么长者就要单独坐在另外一张席上。

《史记》记有这么一个故事：西汉时期有一个叫任安的人，小时候父母双亡，他成了孤儿，十分贫困，但是他奋发图强，长大以后做了西汉名将卫青的门客。当时在卫将军家里还有一个门客，叫田仁，他也是穷人家的孩子，他们俩一起住在将军府里，关系非常好。这两个人因为家里很贫困，所以没有钱去买通将军的管家，管家就安排他们去给主人喂马。一次卫将军让任安和田仁跟随自己去拜访平阳公主，公主家的人以为这两个人是马夫，就让他们俩和家里的骑奴在同一张席子上吃饭，骑奴就是主人骑马时随从的奴仆，任安和田仁非常愤怒，拔刀割席，和骑奴分席而坐。

所以说，在古代坐在一张席子上面的人，地位必须相当，否则对于地位高的人而言就是一种侮辱。

对席就是相对布置的席，这是用于讲学的，也就是现在的学术交流，老师给学生讲课。《礼记》记载：

　　　　若非饮食之客，则布席，席间函丈。

就是说，布置的时候要注意席与席之间空出一定的距离，方便两个人讲话的时候，可以在席子前面写写画画。

▲ 对席

在特殊情况之下要设侧席、专席。《礼记》记载：

有忧者侧席而坐，有丧者专席而坐。

意思就是，侧席和专席是为"有忧者""有丧者"设置的特定的席。在古代，如果某人发生了不吉利的事，比如亲人去世、坐牢，或者患有疾病等，就要自觉地坐在旁边的侧席或者专席上，或者干脆坐在地上，不坐在席上，以表示避讳和对主人的尊重。

传说春秋时期齐景公打猎，休息的时候，直接就坐在地上吃饭。晏子是后到的，他就扯了一些芦苇垫着坐在地上。景公十分不高兴，就说："我都不铺席子直接坐在地上，诸位也没有谁坐在席子上，而你偏偏坐在芦苇上，为什么呢？"晏子回答说："我听说披着铠甲、戴着头盔、坚守阵地的将士不坐在席子上；犯了法纪，做了错事或和别人发生纠葛的人不坐在席子上；有亲友坐牢的人不坐在席子上。这三件都是让人忧愁的事情，因此，我不敢用这种忧愁的态度陪同您一起坐在地上。"景公一听，说得有道理，于是命令人铺下席子，所有人都坐在席子上。所以说在古代，坐席还是不坐席，单独坐还是一起坐，讲究很多。大家都得按照规矩来，否则就会引来质疑和麻烦。

席的礼仪

下图是一件琉璃席，2016 年出土于青岛土山屯汉墓，这里的琉璃指的是一种有色半透明的玉石。这件琉璃席所用琉璃共计 334 片，有圆形、菱形和方形三种，部分琉璃片上刻有纹饰并嵌金箔，琉璃片出水时呈灰黑色，考古人员整理之后，发现琉璃片表面的灰黑色在缓慢褪去，部分区域已现出淡黄白色质地，且能透光，故推测琉璃席原来就是淡黄白色。这件琉璃席实际上就是所谓的玉席，我们应该都听说过金缕玉衣，玉席与其一样，也是一种美石葬具，但等级略低。

这件琉璃席是汉代的文物，汉代的思想文化背景是"罢黜百家，独尊儒术"，

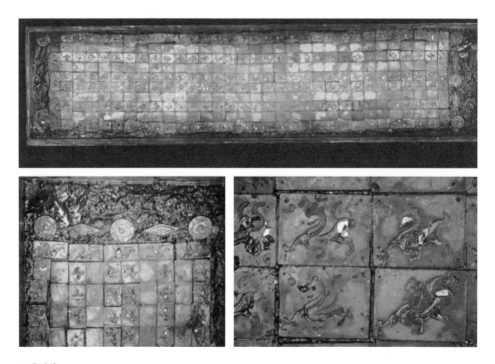

▲ 琉璃席

大力推崇儒学，西周发展起来的严格的礼仪制度到汉代得到了加强。下面就来讲讲关于席的铺设的一些礼仪。

第一，多重为贵。

《礼记》记载：

礼有以多为贵者：……天子之席五重，诸侯之席三重，大夫再重。

意思是说，从礼制上来说，数量越多表示人的地位越高……天子使用五层席，诸侯使用三层席，大夫使用两层席。总体来讲，设三重席已是很高等级的礼仪了。

在周代流行一种宴饮风俗，由乡大夫设宴，乡大夫就是地方官，招待乡学中的贤能之士和德高望重者，这种宴会被称为"乡饮酒"。在这种宴会中会有一些当地的官员来参加，叫作观礼，参加的人员身份地位不同，礼仪就显得非常重要，这时就会有一种特殊的礼仪——辞加席。如果你的身份是公，那么主人就会给你设置三重席，这时候你就需要要求主人辞一席，就是撤掉一层席，变成二重。如果你的身份是大夫，那么主人就会给你设置两重席，你也得要求辞一席，变成一重。那么主人的反应是什么呢？主人的回应是"不去加席"。这样一说就相当有画面感，一个推辞一个拒绝，一推一让就是古老的中华礼仪。

第二，正席而坐。

《论语》记载：

席不正，不坐……君赐食，必正席先尝之。

席不摆正不能坐，国君赐给食物，一定要摆正席位先尝一尝。

《晏子春秋》记载：

客退，晏子直席而坐。

直席即正席，所谓的"正"是有一个参照物的，就是房间的墙壁，要和墙壁平行，不平行就是不正。在中国的文化当中，正是非常重要的，所谓正人君子，正襟危坐，行得正走得端，所以在城市布局、建筑设计上都讲究一个正字，也包括室内布局。我们现在家庭的客厅里面，沙发一般也是和墙壁平行放置的，如果沙发和墙壁成一个角度，就会感觉不太舒服，这个可能就是古老礼仪的留存了。正席是布席的基本礼仪，在日常起居、宾来客往中都是正席而坐。

第三，履不上堂，席必脱袜。

人们在室内布筵设席，用来坐、卧，保持室内环境整洁是十分必要的。因此登堂上殿时，无论主客都要先脱鞋后入内，以免将尘土带入室内，形成了"履不上堂，席必脱袜"的礼仪。

《左传》中记载了这样一件事：春秋时期卫国国君卫出公，有一天和诸大夫一起喝酒，褚师声子穿着袜子就登上席子，卫出公特别生气。褚师声子辩解说："我脚上生了疮，我怕您看了之后会恶心，因此才不敢脱去袜子。"卫出公听了之后不但没有原谅他，反而更加生气。大夫们都为褚师声子辩解，褚师声子退出房间后，卫出公把手叉在腰上，说："我一定要砍断他的脚！"褚师在门外听到了这句话，十分震惊，就赶紧坐上车子逃跑了。后来，褚师声子在同样也怨恨卫出公的一些人的鼓动下，发动了叛乱。褚师穿袜登席本是一件小事，却酿成了一场叛乱。从另一个方面，我们也可以看出古人对于礼仪的重视程度。

第四，避席。

回答长辈提问的时候，或者行礼的时候要离开席子站在席端。《孝经》中有这样一段记载：

> 仲尼居，曾子侍。子曰："先王有至德要道，以顺天下，民用和睦，上下无怨。汝知之乎？"曾子避席曰："参不敏，何足以知之？"

孔子在家里闲坐，他的学生曾参在旁陪着。孔子说："古代的圣王有至高之德、切要之道，用以平顺天下的人心，使人民和睦相处，上上下下都没有怨恨。你知道先王的至德要道是什么吗？"曾子离席而起，恭敬地回答道："学生曾参愚昧，怎么会知道呢？"孔子是曾子的老师，曾子回答孔子的问题的时候，就需要避席——离开席子，站在旁边回答问题，以示尊重。

上面讲了很多关于席的使用规范，在古代，席的使用尊卑有序，不可僭越，人们对其十分重视，甚至不惜牺牲自己的生命。《礼记》中记述了一个有关曾参的故事，就是前面讲的那个曾子：

曾子得了重病，躺在床上。亲人们都围在他身边，他的学生乐正子春坐在床下，曾元、曾申坐在脚旁，家童坐在墙角，手拿烛火。这时候，家童突然说："先生的席子花纹华丽光洁，这应该是大夫用的席子吧？"乐正子春马上就制止了家童，说："闭嘴！"曾子在病床上听到了，突然惊醒过来，家童没有理会乐正子春，又重复了一遍："先生的席子花纹华丽光洁，是大夫用的席子吧？"曾子说："是的，这是季孙送给我的，我没有力气换掉它。曾元，快扶我起来，把席子换掉。"曾元说："您老人家的病已经很危急了，不能移动，等到天亮，再换吧。"曾子说："你不如这个家童爱我啊，君子爱人是用德行，小人爱人才是姑息迁就。我现在还要求什么呢？我只盼望死得合于正礼罢了。"大家没有办法，就扶起曾子，换了席子，再把他扶回床上，还没有放安稳，曾子就去世了。

在这里记述了曾子严守礼制的故事，可见古人对于礼节的重视胜过自己的生命。

▲ 曾子像

席地而坐的坐姿

右图是 1976 年从河南安阳商代妇好墓出土的一件跪坐玉人，此玉人呈跪坐状，双膝弯曲着地，臀部放于脚跟上，上身直立，双手平放于两膝上。目视前方，神态安详，怡然大方，整个人像雕琢精致，打磨光亮。从目前妇好墓发现的玉人来看，跪人数量多于立人，且跪人多为锦衣华冠。由此看，跪姿是商代人一种常见的、官方的、具有礼仪性质的姿态，是一种显贵的姿势，是一种虔诚的祭拜形象。

▲ 跪坐玉人

那么跪坐在席地而坐时期是唯一的坐姿吗？如果有其他坐姿，分别是什么呢？

下面我们就来讲讲席地而坐时期的坐姿问题，主要有三种坐姿：跪坐、蹲坐和箕踞坐。跪坐是双膝弯曲着地；蹲坐是双脚着地，双膝弯曲，臀部不着地；箕踞坐是臀部着地，双腿伸直坐在地上。后来的盘腿坐是在汉代佛教传入之后才有的坐姿。

这三种姿势最文明的是跪坐，是我们人类特有的，最舒服的、最自然的是箕踞坐，蹲坐介于二者之间。

我们先来说一说跪坐。

跪坐是华夏古人的传统坐姿，上自帝王将相，下到平民百姓，是中国古代文化的一部分，是一种谦卑的礼仪文化。正确的跪坐姿势优雅、大方、挺拔，充分体现中国古代文明端庄、谦恭的礼仪风范。我们前面讲过，在河南安阳的殷墟商墓，就有跪坐玉人出土，说明跪坐的历史很久远。

如果再细分的话，跪坐又分为三种姿势，跪、坐和踞。

其中跪与坐两者的区别在于"跪危而坐安"。有一个成语叫"正襟危坐"，这个"危坐"实际上就是跪，臀部离开脚后跟，腰板伸直，上身耸起，而"坐"时臀部落在脚后跟上，所以比较松弛。

踞与跪、坐又有不同，踞所表现的是一种戒备或者急迫的心情，是一种挺身欲起的状态，比如《史记》中写樊哙是这样的：

瞋目视项王，头发上指，目眦尽裂。项王按剑而踞曰：客何为者？

樊哙瞪着眼睛看着项王，头发直竖起来，眼角都裂开了。项王握着剑挺起身问："你是干什么的？"这里用的是踞，表现出项羽受惊之后有所戒备，挺身欲起的样子。

事实上，跪坐并不是让人自然放松、舒适的最佳体态。不舒服，为什么还要这样坐呢？这是一种提醒，在祖宗灵位，在长者和尊者面前，应该处于一种卑微的状态，"跪"姿是祭祀供奉神灵祖先、接待宾客的基本礼仪。

和跪坐相比，蹲坐和箕踞坐就舒服多了，但是在古时候这两种姿势都是不合礼法的，是极不尊重别人的坐姿。其中的主要原因就是，古人下衣不全，故不论男女，都要时时提防以免暴露身体，而蹲坐和箕踞的姿态都有暴露自己身体的风险，因而被认为是一种无礼行为。

据《史记》载：荆轲奉燕太子丹之命前去秦国刺杀秦王，在刺杀过程中被秦王用剑砍断左腿，身体多处受伤，荆轲知道大事不成，便对秦王"倚柱而笑，箕踞以骂"。之所以这样做一方面是由于荆轲的左腿被砍断，单凭右膝难以支撑全身的重量，只能倚柱，另一方面因为箕踞是一种违礼行为，所以荆轲就故意以这种违礼的坐相，表现出仇视、鄙视和傲慢的心态，从坐姿和言语上表达对秦王的仇视。

席是最古老的家具，从中我们可以看出中国古代家具在最初阶段就渗透了

"礼"的思想，这种思想也贯穿了中国古代家具发展的整个历史阶段，就席而言，它的礼制思想可以归纳为以下三点：

一、材料的等级：不同材料的席代表着使用者不同的身份地位，有严格的五席制度。

二、使用的规范：在周礼里面规定了严格的用席规范，包括尊者用单席、正席而坐、席的层数越多使用者的身份越尊贵等。

三、坐姿的礼仪：坐在席上要采用符合礼仪的跪姿，否则就会被人视为一种蔑视和冒犯。

这就是席。

对于家具的发展影响最大的就是原材料和加工工具，中国古代家具最常见的材料是木材，但是在商周时期，曾经有几百年的时间制作家具并不是使用木材，而是另外一种材料，它是什么呢？为什么我们的祖先在几千年前就能够掌握如此先进的制造技艺呢？它又对中国古代家具的发展产生了什么样的影响呢？

我们下一章再继续讲述。

第二章　青铜华彩

1981 年 1 月的一天，河南省博物馆的文物修复人员王琛接到了一项修复任务，要修复一件于 1978 年在淅川下寺春秋楚墓出土的青铜禁。王琛后来回忆说，这件青铜禁运到修复室的时候，是用两个麻袋装着的，打开麻袋一看，他倒吸了一口凉气。整个器物已经残碎为十余块，面板严重变形，有很多个兽形装饰物几乎全部脱落，而且大部分残缺不全。这哪里看得出是一件禁？王琛知道自己面临着一个巨大的挑战，他赶紧把自己的师傅王长青请来。王长青是一位非常有经验的文物修复专家，也是王琛的父亲，父子俩对禁的断面进行认真的比对，经过细致的观察分析，终于大致弄清了它的结构和铸造方法。就这样，花了整整三年的时间终于将这件"云纹铜禁"修复完成。

　　右图就是修复好的云纹铜禁，它造型庄重，装饰瑰丽，工艺精湛，是一件非常罕见的青铜艺术珍品。2002 年，这件青铜禁被国家文物局列入首批禁止出国（境）展览的文物目录，成为国宝。

　　"青铜"是纯铜与锡、铅等金属的一种合金，我国古代称呼青铜为"金"。我们所说的金石学

▲ 云纹铜禁

家，这个"金"指的就是青铜器，青铜器刚制作出来的时候并不是青色，而是黄色，时间久了之后表面会有一种绿色的锈蚀物，就变成了青色，所以人们把它叫作青铜器。

在中国，最早的青铜器可以追溯到新石器时代晚期，我们现在说的青铜器，主要指的是先秦时期的器物，在商周的历史上扮演着极其重要的角色。

《左传》里有这样一句话：

> 国之大事，在祀与戎。

意思就是说，国家有两件大事——祭祀和战争。在这两件事中，青铜器都是绝对的主角。青铜家具是青铜器里非常重要的一部分，其中有相当一部分是作为礼器出现的，就是祭祀和重大礼仪活动的时候使用，这也是中国青铜家具的一大特色。

青铜家具：俎

《说文解字》中说：

> 从半肉在且上。

这就表示俎和肉有关。下页图是一件 1979 年在辽宁义县出土的商代青铜俎。

这件俎的上部是一个长方形的凹盘，四边起沿，下部是一个板足；这个板足呈倒凹形，中间有一个尖拱，我们称为壶门。这件俎的凹盘底下有两个半环鼻，鼻下系了一个链，链上悬挂了两个扁形小铜钟，铜钟制作得十分精巧。这个钟应该就是起一个装饰性的作用。

从这个俎的形态我们也可以猜测出，它应该是一个类似现在桌子的家具。所

▲ 饕餮纹青铜铃俎

以，俎是桌案类家具的始祖，但是在古代，"俎"又不仅是桌案。

第一，俎可以是切割肉食类的垫具，就是切菜板。

在《史记》里有这样一段记载，刘邦在鸿门宴上假称要去方便一下，樊哙看见了也跟了出来，他让刘邦赶紧跑。刘邦说，我还没有和项羽告别呢！这时樊哙说了这样一番话：

> 大行不拘细谨，大礼不辞小让。如今人方为刀俎，我为鱼肉，何辞为？

意思就是：做大事不必在意细枝末节，行大礼不必讲小的谦让。现在人家正好比是菜刀和砧板，我们则好比是鱼和肉，告辞干什么呢？

这里的俎指的就是切菜板，在一些古文化遗址当中，比如在距今约 7000 年的浙江余姚河姆渡遗址中和距今 6000 多年的江苏常州圩（wéi）墩遗址中，我们都发现了一些作为切菜板的俎的实物，人类很早就以狩猎、捕鱼为生，切割兽肉、鱼肉是每天都要做的事情，拿一块石板或木板作砧板也很自然。

第二，俎可以是祭祀的时候陈放肉类等食物的家具。我们刚才介绍的这件商代青铜俎，就是一件礼俎，它的四边起沿，这是为了防止祭祀的时候牲畜的血水溢出来。

▲ 圉方鼎

西周时期，俎作为一种重要的礼器，使用数量的多少标志着使用者或受祭者的等级高低。为了方便使用，有的鼎和俎合二为一，设计成了一个整体。

在北京琉璃河西周燕国墓地出土的一件圉（yǔ）方鼎，上面有盖，盖顶有捉手，如果把盖子掉转过来，它的上面刚好是一个长方盘，本来是盖顶的捉手就是一对板形足，这正好是一个俎。这就是俎和鼎合二为一的一个案例。

西周祭祀的时候，俎上放置的食物也是有等级的，俎的名字根据上面陈设的食物的不同而不同。其中放置牛、羊、豕（也就是猪）三牲的俎最重要，称为"牲俎"或"牢俎"；陈设干肉的俎称为"腊俎"；陈设牲畜的心和舌的俎称为"胏（qí）俎"，陈设鱼肉的俎称为"鱼俎"，陈设佐餐和一些小食的俎称为"羞俎"。这些俎与牲俎之间排列有序，不合乎礼的肉食品绝不可陈设在俎上面。

在《左传》里就有这样一句话：

乌兽之肉不登于俎上。

意思就是乌类和野兽的肉绝对不能在一些礼仪场合陈设在俎上面。可见俎不同于一般的承置用具，这同时也说明"礼俎"在西周以后的使用方式十分严格。

俎在祭祀和重大礼仪场合非常重要，所以古人也常用俎豆来泛指祭祀和一些礼仪活动。

▲ 明　胡文焕　《孟母三迁》

我们非常熟悉《孟母三迁》的故事，里面就是这样讲的：

孟子的母亲，人称孟母。孟子小时候，母亲带着他住在墓地旁边。孟子就和邻居的小孩一起学着大人跪拜、哭号的样子，玩起办理丧事的游戏。孟子的母亲看到了，就皱起眉头：不行！我不能让我的孩子住在这里了！孟子的母亲就带着孟子搬到市集旁边去住。到了市集，孟子又和邻居的小孩，学起商人做生意的样子。一会儿鞠躬欢迎客人，一会儿招待客人，一会儿和客人讨价还价，表演得像极了！孟子的母亲知道后，又皱皱眉头：这个地方也不适合我的孩子居住！于是，他们又搬家了。这一次，他们搬到了学校附近。刘向在《列女传》中有这样一句描述：

其嬉游乃设俎豆，揖让进退。

意思就是，这时孟子每天看到学到的，就是祭祀礼仪、作揖逊让、进退法度这类礼仪方面的学问了，孟子开始变得守秩序、懂礼貌、喜欢读书。这个时候，孟子的母亲很满意地点着头说：这才是我儿子应该住的地方呀！这里就用俎豆来指代祭祀和礼仪活动。

俎的基本样式在商代就已定型，

▲ 镂空龙纹青铜俎

俎面一般为浅盘式，内凹或者下凹，下面一般是板状足，整体造型趋于稳定和端庄。

上图是一件从河南淅川下寺春秋楚墓出土的青铜俎，俎面中间向下凹，两端微微上扬，俎面上的镂孔，除了装饰之外，猜测应该有滤去肉汁的作用。这件俎与前面那件商代的青铜俎比起来，更加简洁，但是基本的形制类似，所以也判定其应为俎。

第三，俎可以用于日常的宴饮，相当于我们现在的餐桌。

我们可以想象，在周代以及后来春秋战国时期，在祭礼的前半部，使用俎是为了人与神的沟通，各种仪式；祭礼的后半部，是为了人与人的沟通，便是大宴会，而俎的使用是贯穿始终的。

在《左传》里记载了这样一个故事：

鲁宣公十六年冬季，周朝王室发生内乱，晋景公派遣晋国的大夫士会去调解王室的纠纷，周定王设宴招待他。周朝的大夫原襄公主持典礼，把半只牲畜连骨带肉直接放在盛肉的器具里，士会看了感到很奇怪，问这是什么缘故。周定王对士会说："季氏，你没有听说过吗？天子设享礼就是用这种方式。"原文用了一个词叫作"体荐"，这是招待诸侯采用的礼仪。周定王接着说："天子设宴礼才用'折俎'。"所谓的'折俎'就是把肉都切开，骨关节弄断放在俎上，那是招待卿、大夫的礼仪。意思就是说我招待你采用的是诸侯的礼节，是最高的礼节，虽然士会只是一个大夫。

从这个故事我们可以了解到，俎不仅用于祭祀等礼仪场合，也会在宴会中使用，而且宴会的规格不同，俎的形式不同，俎上陈设的食物形式也不同。

商周代表性的青铜家具：柉

▲ 西周夔纹青铜柉

左侧这件扁平的家具叫柉，长方形，没有腿，从形制上看柉类似我们现在的箱子，这件家具中间是空的，而且没有底，前后两面各有两排 16 个长方形孔，左右两面各有两排 4 个长方形孔，这样的设计可以大大减轻器物的重量，另外也可以使家具的外形不至于那么呆板。柉面上有 3 个凸起的椭圆形中空的子口，中间一个孔略大，左右两孔略小。

这件铜柉的命运相当曲折。

1925 年，陕西军阀党玉琨为了扩大自己的军队和势力，指挥军队和民工在宝鸡斗鸡台戴家沟进行大规模盗掘，挖出了大批珍贵文物，其中就有这件西周夔纹青铜柉。后来党玉琨在战乱中死去，他盗掘的这批文物落在了

▲ 党玉琨

时任陕西省主席的宋哲元手中，宋哲元将其中的一部分送给了冯玉祥，大部分运回了北京、天津，此件西周夔纹青铜棜则一直保存在宋哲元天津的家中。抗日战争期间，日军占领天津英租界，并对宋哲元的公馆进行查抄，掠去很多财物，这件铜棜也在劫难逃。宋哲元的三弟宋慧泉得知此事后多方打点才将这件西周夔纹青铜棜及其他文物从日军手中赎回，并在家中悉心收藏保管，后来，由于宋氏家族内部出现了一些矛盾，这件铜棜惨遭破坏，1968 年，天津市文物管理处在宋氏亲属家中发现这件家具的时候，它已经被砸成几十块，一直到 1972 年，在经过文物修复人员的精心修复之后，这件西周夔纹青铜棜又完好如初地展现出它的风采，现在收藏在天津市历史博物馆。

棜是干什么用的？在《仪礼》里面有这样一段话：

设棜于东堂下，南顺，齐于坫（diàn）。馔（zhuàn）于其上两甒醴（wǔ lǐ）、酒，酒在南。

意思就是，在东堂下设置棜，南北向放置，与房间角落里的坫对齐。坫是古代室内放置食物、酒器等的土台子。棜上放置两只甒，一个盛甜醴酒，放在北边，另一个盛酒，放在南边。甒是古代一种用来盛酒的有盖的瓦器，而醴酒和酒也是不同的，"醴酒"比较清淡，相当于一种甜酒，而"酒"比较浓烈。从这段描述中，我们知道棜是祭祀和重大礼仪活动中用来放置酒器的。

所以上文那件棜，上面有三个凸起的孔就是为了放置酒器的，酒器放在上面不会倾倒，也不会移动。

酒器是西周青铜器中的一个大类。《仪礼》中记载的礼仪涉及饮酒的环节特别多，西周时期对酒的态度叫作"酒以成礼"。首先祭祀的时候和礼仪活动一定要有酒，我们现在也讲，无酒不成席；其次，饮酒要符合礼节，尽欢而散，尽醉而归，只要合乎礼仪就行，这种态度我们当代人应该学习。

▲ 枊禁器组

▲ 端方

左图中这件铜枊与现存于天津市历史博物馆的那件西周铜枊从造型上来看非常相似。整个枊也是呈扁平立体长方形，中空无底，前后各有 8 个长方形孔，左右各有 4 个长方形孔，这些孔可以减轻器物的重量。枊没有腿足，移动的时候就不太方便，这些孔就可以当作一种临时的拉手，这件器物出土时，上面仍有保存完好的一樽二卣，以及其他一些酒器一共十三件。

这件铜枊是在清光绪二十七年，也就是 1901 年，由陕西省宝鸡市斗鸡台戴家湾一农民挖出，这批文物当时被陕西巡抚端方收藏。端方是清末大臣，金石学家，他在从政之余，醉心于古玩收藏，是中国著名的收藏家之一。端方死后，其子弟因贫困，在民国十三年，也就是 1924 年，将这套青铜器以约 20 万两白银的价格卖给美国大都会艺术博物馆，现在就收藏在美国大都会博物馆里。

枊与俎不同，它属于一种封闭型或者半封闭型的家具，从形态上看，或者是演化的规律上看，它来自青铜器的器座。带座的方簋在西周时期已经非常普遍，不同之处在于方簋与器座合铸为一体，枊和器物是分离的。我们再看下页右图这件告田觥，盖是牛头的形状，下半部就是一个方形基座，这个器座与枊的形式十分相似。我们可以猜测，因为这种底座与器物合二为

▲ 凤纹方座簋　　　　　　　　　　　　▲ 告田觥

一的设计搬动时不方便，所以后来就演变成分离状态，就出现了梜，而且这样也大大节省了青铜材料，因为在不同的祭祀中，上面放置的酒器是不同的，这样就可以使用一件梜，上面放置不同的酒器。

有一些史料也把梜叫作禁，那么梜和禁是一种器物吗？

在《礼记》里有这样一段话：

> 天子、诸侯之尊废禁，大夫、士棜禁。此以下为贵也。

意思是：天子、诸侯的酒杯不用禁，大夫、士的酒杯放在梜上。

首先我们知道了梜和禁是有区别的，使用的人也是不同的，大夫用梜，士用禁。梜和禁有什么不同呢？我们先来讲一下周朝的礼仪：

周朝时期关于礼仪的规则很有趣，有以多为贵的，也有以少为贵的；有以高为贵的，也有以低为贵的。在这里就是以低为贵，后面有一句，"此以下为贵也"，就是身份越低，用的家具高度越高。士的地位最低，用的家具是最高的，所以禁比梜高，换言之禁有足，梜无足。我们下面要讲的就是禁。

商周时期家具——禁

下图中这件青铜禁就是我们这一章开始的时候讲的那件家具，它于 1978 年出土于河南淅川下寺楚墓，比上面讲的两件梜都要大。器身呈长方形，器壁是由数层粗细不同的铜梗所组成，禁身四周攀附有十二条龙形怪兽，有角，张口伸舌，尾上卷，气宇轩昂，在下部有十二只蹲状虎形兽，也是昂首吐舌，挺胸，凹腰，尾上卷，整个器形庄重而瑰丽。

这是楚系青铜器中的典型代表器物。

这件云纹铜禁霸气十足，周身装饰有祥云，似梦似幻，世间少有。

我在河南博物院看到了这件家具，当时感到非常震撼，最吸引我的部分就是禁身上面弯曲绵延的云纹，非常繁复、精细，真是难以想象当时的工艺可以做到如此精细的程度。

出土铜禁的河南淅川下寺二号墓是目前发现的楚墓中等级最高、随葬品最丰

▲ 河南淅川下寺二号墓楚墓出土云纹铜禁

富的一座。墓主人为楚国公子子庚，楚庄王的儿子，他当时是楚国的令尹，相当于宰相。

这件禁非常引人注目的地方就是上面的十二条龙和下面的十二只虎。这件禁是楚文化的代表器物，所以我们先说说龙和楚文化的关系。楚国在立国初期国力比较弱，所以在政治上就采取与周朝及中原各国交好的策略，因此在文化上也不免受到中原文化的影响。中原文化崇龙尚龙，所以在很长时间内楚国也呈现出亲龙好龙的特点，甚至超过了中原人。

叶公好龙的故事我们大家都非常熟悉，故事是这样的：叶公很喜欢龙，衣服上的带钩刻着龙，酒壶、酒杯上刻着龙，房檐屋栋上也雕刻着龙的花纹图案。他这样爱龙成癖，天上的真龙知道后，便从天上来到了叶公家里。龙头搭在窗台上探望，龙尾伸进了大厅。叶公一看是真龙，吓得转身就跑，叶公并非真的喜欢龙呀！他所喜欢的只不过是那些似龙非龙的东西罢了！这个故事讽刺的是像叶公一样表里不一、不务实的人。故事里面的这个叶公本非姓叶，他原名叫沈诸梁，字子高，地地道道的楚国王室的贵胄。其曾祖父是春秋五霸之一的楚庄王，他是春秋末期楚国的军事家、政治家。

虽然这个故事批评了叶公，但是楚人特别喜欢龙却是一个不争的事实，云纹铜禁四周攀附的 12 条龙形怪兽，正体现了楚人对龙的喜爱与崇尚。

禁下面的虎被刻画得栩栩如生，虎在楚文化中有什么样的含义呢？一方面，楚人将虎视为可怕的猛兽，另一方面也将虎奉为有灵性的、可以引魂升天的神物。到了汉代，这种对于虎的崇尚从楚地蔓延至全国，虎在中国传统文化中的地位也陡然上升。《淮南子》里就有这样的描写：

何谓五星？东方，木也……其兽苍龙……南方，火也……其兽朱鸟……中央，土也……其兽黄龙……西方，金也……其兽白虎……北方，水也……其兽玄武。

什么是五星？东方是木星，它的代表兽物是苍龙，南方是火星，它的代表兽物是朱鸟，中央是土星，它的代表兽物是黄龙，西方是金星，它的代表兽物是白虎，北方是水星，它的代表兽物是玄武。

虎之所以可以成为与龙、凤相并列的区位性的神兽，执掌一方神权，其文化溯源就是楚文化中的尚虎思想。

左图中这件铜禁出土于湖北随县曾侯乙墓，墓主是当时南方一个不大的诸侯国——曾国一个名叫乙的国君。曾侯乙墓出土的很多器物之所以具有明显的楚式风格，除了在地理位置上，楚国和曾国两个国家毗邻之外，还有一个原因就是，两国在很多年里关系很好，属于友邦。

▲ 曾侯乙联禁铜壶

在《史记》里有这样一个故事：楚昭王十年，吴王阖闾（hé lú）率兵攻打楚国，大获全胜，最后攻破楚国的都城。楚昭王一看，赶紧逃跑了，逃到哪里呢？他逃到了随国，吴王阖闾随后就追到了随国，随侯紧闭城门，调兵遣将，严阵以待。吴王阖闾在城下对随侯说，周天子的子孙，你看看有一个算一个都被楚国灭掉了，随国迟早也会被楚国灭掉的，你还是早点把楚王交出来吧。随侯坚决不肯，楚昭王由此逃过一劫，心中充满了对随侯的无尽感激。后来，楚昭王回国复位，下令楚、随世代友好，有专家判定，这个随国其实就是曾国。

我们再来看这件铜禁，虽然比上文的云纹铜禁要简洁得多，但形制与装饰纹样还是比较相似的，尤其是禁下部的足，我们称为"局足"，可以明显感觉到两件禁在风格上是一致的。

禁作为特定时期的家具，早已退出社会生活，不过其造型和制作工艺却可以在后世的家具中找到，比如禁的"局足"后来就演变成了传统家具中常见的外翻马蹄腿。

青铜时代已经离我们远去，但是青铜时代的家具仍然以某种方式影响着后世的家具。

案

下图是一件错金银龙凤方案，整个方案分为三个可拆卸的部分。最下层是底座，底座是圆环形，被四只梅花鹿形态的支脚托起。中层的设计最复杂、视觉效果也最华丽，是由四龙四凤穿插组成的支撑结构，起到连接底座和承托桌案的作用。最上一层是放置案板的框架。根据发掘情况，出土时方案底部有残存木屑，可推测正方形边框上面应该嵌有木质的板面。

这件方案对于建筑学家而言也有相当的价值，案框下面实际上就是斗拱，这

▲ 错金银龙凤方案

个案框由斗拱托起，而斗拱又由 4 条龙的龙头承托。这也是我国迄今发现最早的将古代木构建筑构件——斗拱灵活应用的实例。

这件方案在 1974 年出土于河北平山县古中山国的王陵群，中山国是由少数民族白狄所建立的国家，因城中有山而得名中山国，始建于春秋末年，战国中期达到鼎盛，成为战国时期备受瞩目的诸侯国之一。战国时期的中山国已经掌握了较高的青铜器制作工艺技术，创造出了独具特色、精美绝伦的中山国青铜器，这些青铜器不仅展现了深远博大的华夏文化，还保留了一部分北方民族的文化特点。这个方案非常精巧，打破了传统青铜家具的常规，表现了新颖的时代风格。

案是什么？我们经常说桌案。案，它最初是与托盘比较接近的一类承托器具，慢慢发展为古时人们席地而坐时使用的一种小桌。

《周礼》里说：

案十有二寸，枣、栗，十有二列，诸侯纯九，大夫纯五，夫人以劳诸侯。

意思就是，案高一尺二寸，案上陈放枣栗，对于来朝的王的后裔用十二张案排成列，对于来朝的诸侯用九张案排成列，对于来朝的大夫用五张案排成列，这是天子夫人用以慰劳来朝官员的规格。

这里面说，案高十二寸，大约是 20 厘米，所以体形较小，王用十二案，诸侯用九案，卿大夫用五案，据此推测案应该不会很大，不然，屋子里也难以放下。

《后汉书》里有一段写东汉隐士梁鸿，他娶了一位丑陋但非常智慧的女子孟光为妻，二人婚后相敬如宾，这里有这样一段描写：

每归，妻为具食，不敢放鸿前仰视，举案齐眉。

意思就是，每当梁鸿回到家的时候，妻子孟光就准备好食物，从不敢在梁鸿面前直接仰视，总是托着放有饭菜的案，托得跟眉毛齐平，恭敬地送到梁鸿面前，以示对丈夫的尊敬。既然梁鸿之妻能举案齐眉，这种案应该不会很大。虽然

▶五代 卫贤 《高士图》卷 此图描绘汉代隐士梁鸿和妻子孟光「相敬如宾·举案齐眉」的故事

这是东汉的情况，但跟我们推断东周时期的情况是类似的。

1972年云南省玉溪市一个叫李家山的地方在发掘战国古墓时，出土了一件古滇国青铜文物——牛虎铜案，它是迄今为止，滇中文物中最高级别的文物之一，是代表云南的象征性文物。

牛虎铜案铸造时间为战国后期，整件作品为两牛一虎组合而成，这是一个形状奇特的家具，大牛为主体，大牛健壮的脚立在地面上成为案足，前后蹄间有横梁相连，牛背作椭圆形平面如一大盘子，可以摆放食物，大牛无腹，两脚之间立一小牛犊，一虎扑在大牛的臀部上，正在啃噬牛尾。这件案完美展示了自然界弱肉强食的血腥场面，大牛被猛虎撕咬而不动，将牛犊隐藏在腹中，一方面表现了牛的伟大和人们对牛的崇敬，另一方面也包含了古滇人对死亡与新生的认识和理解。

上文所述这两件案，一北一南，一件是中山国文化的代表器物，一件是古滇国的代表器物，但是却有一个共同之处，两件器物都是汉文化和少数民族文化融合的结晶，而且采用了相当写实的动物形象，铸造技艺十分高超，美轮美奂。

我们这一章一共讲了四种青铜家具，俎、槌、禁和案，其共同点是都属于承置类的家具，不同之处在于俎和案是放置食物的，而槌和禁是放置酒器的。

▲牛虎铜案

这就是我们讲的青铜家具，那么总结一下，从商代、西周一直到春秋战国时期，青铜家具发生了以下两个转变：

第一，从神本到人本的转变。青铜家具从商代、西周一直发展到春秋战国，从纯粹的祭祀类器具发展到人们使用的日常器具，比如俎是以祭祀为主的一类家具，而案就是以日常使用为主的一类家具。

第二，从威严到浪漫的转变。青铜家具的造型随着时间的推移发生了巨大的变化，从商代、西周时期的四平八稳的程式化造型慢慢变得充满了浪漫主义且极具视觉冲击力，比如我们上文讲的牛虎铜案。

很多青铜家具之所以被我们认为是绝世的艺术珍品，除了奇艺的造型，精湛的制作工艺之外，器物上面雕刻的纹样也让我们感受到了青铜家具独特的魅力，这些纹样是来自现实，还是古人的想象？不同时期使用的纹样有哪些不同呢？这些纹样代表了一个怎样的文化含义呢？下一章给大家讲解。

第三章

华美纹饰

右上图是一张长桌，收藏在北京故宫博物院，这是一件清中期家具，造型十分古朴，它是一个供桌，全称叫作紫檀嵌铜丝鼎式供桌。鼎，是青铜器，这件家具的造型来自青铜器——鼎，它是一个仿铜鼎的桌子。

大家看右下图这张图片，这是一件四足青铜鼎，又称"妇好"夔足铜方鼎。我们看右上图这张桌子的整体造型和右下图这件鼎很类似，四腿向外撇，上半部厚重方正，桌子腿上有类似城墙上面的那种凸起，这其实就是模仿四足鼎的腿部和鼎身四角上的扉棱。所以可以说从整体到细节，这张桌子和这件青铜鼎都很相似。

除了这些造型上的特征，我们再重点来看一下这张桌子上面的装饰纹样，桌子正面束腰下面有一块类似牙条的部件，牙条就是连接腿部起加固作用的一个构件，面积比较大，上面有一些图案，这些图案十分规整而且透露出一种威严的气息，其中动物形象的图案叫作夔纹，是主纹，卷曲盘旋连续不断的几何形图案叫作云雷纹，是底纹，主次分明，这些纹样也都来自商周时期的青铜家具。

▲ 紫檀嵌铜丝鼎式供桌

▲ "妇好"夔足铜方鼎

这张桌子之所以给我们带来一种强烈的复古的气息，除了造型上的古朴之外，其表面的装饰纹样可以说功不可没。在清代中期，兴起了一股金石热潮，乾隆皇帝就是一名狂热的收藏家，在这样的背景之下，出现这样一件仿青铜鼎的供桌也不足为奇。清代家具除了从造型上模仿青铜器之外，更为普遍的是装饰纹样上的模仿，我们在很多清代家具，尤其是清代宫廷家具表面都可以见到青铜家具上的装饰纹样。

家具表面的装饰纹样是家具的重要组成部分，直接影响着家具的艺术风格和审美气质，青铜家具表面的装饰纹样尤其显得神秘，与众不同。这些纹样往往具有非常奇异的视觉感受，到了清代，这些纹样竟然穿越了千年历史的长河，在宫廷家具上面重现。下面我们就通过几件具有代表性纹饰的清代家具，来了解一下这些独特而又充满艺术想象力的纹样。

▲ 紫檀木嵌黄杨木雕夔纹宝座

▲ 夔纹

▲ 夔纹图案

夔纹

我们先来讲夔纹。

右上图是一件清中期的宝座，收藏在北京故宫博物院，全名叫紫檀木嵌黄杨木雕夔纹宝座，宝座为紫檀木框架，靠背和扶手上面嵌有黄杨木，围子上沿凹凸有致，顶端为西洋螺壳纹饰搭脑，在螺壳纹饰两端的纹样，这就是夔纹。

我们上章讲过的西周铜棜，大家应该还记得，棜是祭祀的时候用来放置酒器的，这个棜四周装饰的也是夔纹。比较一下这两件家具上的夔纹，虽稍有不同，但是我们仍然能看出这是同一种动物的纹样，其共同点为：张口、一足、卷尾，这类动物形象被普遍认为是神话类动物——龙的一种，被称为夔纹或者夔龙纹。

"夔纹"是商周青铜家具的一种代表性纹样，"夔"在古文献里是怎么说的呢？《山海经》里有这样一段话：

> 东海中有流波山，入海七千里。其上有兽，状如牛，苍身而无角，一足，出入水则必风雨，其光如日月，其声如雷，其名曰夔。

意思就是，东海中有一座山，名叫流波山，这座山距离海岸有七千里远。山上有一种神兽，它的形状和牛相似，长着苍色（青黑色）的身子，头上没有角，只有一只脚。它出入水中时，一定会有风雨相伴，这种兽发出的光像日月一般明亮，它发出的声音像是打雷声，它的名字叫夔。

在《说文解字》里面这样解释"夔"字：

> 夔，神魖（xū）也。如龙，一足。

意思就是，夔是一种神兽，像龙一样，只有一只脚。这是对夔的形象的一种总结。

元末明初的刘基，也就是刘伯温，在《郁离子》里写了这样一个故事：

越王勾践在消灭吴国之后宴请群臣，席间越王谈论起吴王夫差，越王说："吴国最终之所以灭亡，就是因为吴王杀了具有远见卓识的伍子胥。"群臣听了后都不说话。这时大夫子余就站了起来，他说："大王，我曾经听说过这样一个故事，东海有一个海若神，他有一次到青州一带去游玩，海里的鱼虾蟹鳖就排队来欢迎海若神，这时候一只夔兽用一只脚跳着就出来了，一只海鳖就伸着脖子在那儿笑，夔问它：'你笑什么？'海鳖说：'我笑你跷起一只脚跳的样子，我真怕你跌倒。'夔说：'我用一只脚跳跃还不如你跛着脚爬吗？况且我用的是脚，而你一天到晚只能爬行，你一天才能走多远啊，你怎么不担心自己却担心起我来了呢？'"子余接着说，"如今大王您杀了文种大夫，范蠡也跑了，四方的贤士也都不肯来我们越国，现在我们越国是无人可用啊！我担心天下诸侯讥笑大王的时候还在后头呢。"越王听了沉默不语。

大夫子余用海鳖和夔兽来比喻越王和吴王，用来警醒越王。

所以，夔是一足的神兽，这一概念在古代似乎已经获得了共识。但是还有另外一种说法，说夔是一个人，他是舜帝时期管理典乐的大臣，也就是一位乐官，因为政绩突出，得到舜帝的表扬，在《尚书》里有这样一段描述：

舜曰："夫乐，天地之精也，得失之节也，故唯圣人为能和乐之本也。夔能和之，以平天下，若夔者，一而足矣。"

意思就是，音乐是天地间的精华，国家治乱的关键。只有圣人才能做到和谐，而和谐是音乐的根本。夔能调和音律，从而使天下安定，这里就出现了一句话，"若夔者，一而足矣"。乌龙就出现了，舜帝的本意是，有夔这样的能人，一个也就足够了。结果以讹传讹，变成了夔只有一只脚。

在《吕氏春秋》里就有这样的记载，鲁国国君专门为这件事去问孔子："大家都说，乐正夔只有一只脚，是真的吗？"孔子告诉他，不对，不是一只脚，是一个人就足够了。可是即使经过了圣人的解释，也改变不了人们已经形成的一个共识，那就是自此，夔，无论是一个人，还是一个神兽，都是一足，这一特点成了其身上永远也甩不掉的烙印。

除了"一足"之外，夔纹的第二个特点是："巨口"，我们看青铜家具和清代紫檀家具上面的夔纹都有这个特点，有时为了展现夔纹的"巨口"，工匠们还会运用一种夸张的表现形式，就是让巨口和身体一样大，以求在最大限度上表现出夔的凶恶和狰狞。

夔纹的第三个特点是"卷尾"，夔的卷尾增加了动感，让本来有点凶恶的夔纹有一种呼之欲出的感觉，对于纹饰而言，一般只有能飞的或会游水的动物才会有卷尾，这个卷尾就表明夔可以上天入海，增添了夔的神异色彩。

商周时期，作为青铜礼器重要组成部分的装饰纹样，要求具有神秘、诡异、狞厉的形象，来烘托祭祀的庄严神圣气氛。所以，商代青铜家具上的夔纹，其形象特征主要是恐怖和狞厉。到了清代，其家具中的夔纹要表现的不是恐怖，我们想宫廷家具需要表现的是什么？是威严，这时夔纹的王权意味变得更加明显，夔纹就像守护着王权的一只厉兽，透露着一种威慑力和庄严感，它是王权意识的产物。

从商周时期的青铜家具到清代的宫廷家具，材料变了，时代变了，家具的形态变了，但是装饰纹样却像复活了一样，这说明什么？这说明纹样具有相对的独立性，所以我们在欣赏一件家具的时候，绝对不可以忽视其上装饰的纹样。

▲ 紫檀雕饕餮纹桃式杌

饕餮纹

右上图是一件清中期家具，收藏在北京故宫博物院，全称为紫檀雕饕餮纹桃式杌。杌就是凳子，桃式指的是凳面的形状，这件家具带有托泥，托泥就是凳子下部的圆形承托构件，起到加固和装饰的作用，我们注意看牙板，就是两腿之间的那个横向加固构件，牙板上面雕刻的动物图案就是饕餮纹。

我们再看右下图这件商代晚期青铜俎，这件家具侧面板的纹样与饕餮纹是不是比较相像？是的，这个俎的侧面板上正中也是一个巨大的饕

▲ 青铜俎

饕纹，饕餮纹是青铜器纹饰中最有代表性而又最为扑朔迷离的一种纹饰，到了清代，尤其是乾隆时期，在很多宫廷家具中开始使用这种纹样。

饕餮纹，常以左右对称形式出现，其特征之一为巨眼作凝视状，大咧口，口中有獠牙，额上有一对立耳或大犄角。这是一个糅合了多种动物原型而成的形象，是一个想象中的怪兽的形象，给人的感受是神秘、狰狞和恐怖。

饕餮是什么？我们都听过一个词：饕餮盛宴，饕餮一般会解释为贪吃的猛兽，但是实际上它的身份多变，它是一个怪物，也是缙云氏的儿子，又是战神。

我们先说第一个解释，它是中国神话传说中的一种神秘怪物，名叫狍鸮（páo xiāo）。

《山海经》中说：

> 其状如羊身人面，其目在腋下，虎齿人爪，其音如婴儿。

意思是说，它长着羊一样的身体，人的脸，眼睛在胳膊下面，有老虎一样的牙齿和人一样的手，叫声像婴儿。听起来就挺恐怖。

第二个解释，它也是缙云氏的儿子，缙云氏是谁？

《史记》里说：

> 缙云氏，姜姓也，炎帝之苗裔，当黄帝时任缙云之官也。

意思就是：缙云氏姓姜，上古八大姓之一"姜"姓，属炎帝部落，是炎帝的后裔，在黄帝时候他是一个叫作缙云的官吏。缙云氏是黄帝的臣子，但族裔关系是炎帝之后。

《左传》里说：

> 缙云氏有不才子，贪于饮食，冒于货贿，侵欲崇侈，不可盈厌……谓之饕餮。

意思就是，缙云氏有一个不成器的儿子，特别贪吃，而且非常贪财，永远不知满足，被称为饕餮。

我们刚才说了，缙云氏姓姜，而蚩尤也姓姜，所以就又有一种说法，说蚩尤就是缙云氏的儿子饕餮。蚩尤是谁？他是上古时代九黎族部落酋长，中国神话中的战神，这就是饕餮的第三个身份——战神，蚩尤原来是炎帝的下属，炎帝被黄帝击败后，蚩尤率兵与黄帝在涿鹿展开激战。传说蚩尤有八只脚，三头六臂，铜头铁额，刀枪不入，善于使用刀、斧、戈作战，不吃不休，勇猛无比。黄帝打不过他，就请来天神帮助自己，双方杀得天昏地暗，血流成河。后来蚩尤被杀，黄帝将其斩首，他的首级化为血枫林。后来黄帝尊蚩尤为"兵主"，即战争之神。他勇猛的形象仍然让人畏惧，黄帝把他的形象画在军旗上，用来鼓励自己的军队勇敢作战，诸侯见到蚩尤之像便会不战而降。

可是后来人们为了歌颂黄帝，便开始丑化蚩尤，丑化成什么样子呢？

《吕氏春秋》里是这样说的：

> 周鼎著饕餮，有首无身，食人未咽，害及其身，以言报更也，为不善亦然。

意思就是，在周鼎上铸有饕餮纹，有头没有身子，吃人，还没来得及咽下去就死掉了。意思是告诉大家善有善报，恶有恶报。

总结起来，饕餮是一个有首无身，贪吃贪财，但是英勇善战的形象。

那么为什么要在青铜家具上装饰这样一个凶残恐怖的形象呢？

第一，以凶镇邪。

青铜家具上的饕餮纹饰主要是为了"辟邪免灾"。

《左传》里面有这样一段话：

> 昔夏之方有德也，远方图物，贡金九牧，铸鼎象物，百物而为之备，使民知神奸。故民入川泽山林，不逢不若。螭魅魍魉，莫能逢之。用能协于上下，以承天休。

意思是，从夏朝开始实行德政的时候，各地把各种神怪图像都绘成图画，九州的长官则献来青铜，于是便铸成铜鼎，并把各种奇形怪状的神怪图像都铸在鼎上，让百姓知道哪些是助人的神，哪些是害人的奸。当人们进入川泽山林的时候，有危害的鬼怪也不能前来加害。因而能使上上下下的人们在上天的保佑之下安居乐业。

从这段话可以知道饕餮纹有辟邪的用意。

第二，强化权威和秩序感。

青铜家具上的饕餮纹除了辟邪驱鬼之外，从统治者的角度，它还具有树立绝对权威的政治意义。饕餮纹给人一种神秘感和压迫感，一种权力的震慑感，这正是统治者想传达给人们的，这是一种对于尊卑秩序和森严等级的暗示。在清代家具中使用饕餮纹，就主要是利用其威慑力来体现皇权的威严和不可侵犯。

我们看一下饕餮纹，下图左面这张是青铜家具中的饕餮纹，很明显有三段，最上面的角、中间的眼睛和下部的大口，非常狰狞恐怖，下图右面这张是清代家具表面的饕餮纹，很明显，巨眼和巨角都没有了，整体以曲线为主，已经失去了传统饕餮纹那种狰狞的面貌，脸部线条变得更加柔和，变得更加立体。从商周时期的抽象线条变得更为具象，更具亲和力了。这也是饕餮纹的一个演变过程。

▲ 饕餮纹

▶ 紫檀雕饕餮纹桃式机（局部）

蝉纹

左上图是一件清乾隆时期的家具，收藏在北京故宫博物院，全称为紫檀蝉纹香几。香几是古时人们焚香时候使用的一种家具，我们看这件香几的牙条，上面雕刻有一种连续排列的近似三角形的纹样，这种纹样叫作蝉纹，四面牙条上都是相同的纹样。

左下图是一件商代晚期的青铜俎，在俎的侧面板最下面的纹样与香几牙条上面的纹样非常相似，也是蝉纹，香几上面的蝉纹更柔和，俎上的则较为简化和抽象。

蝉纹在青铜家具和青铜器上被广泛使用，要讲蝉纹，我们得先来说说蝉。

蝉俗名"知了"，古人又把它叫作"复育""蜩"。作为家具的装饰纹样，蝉纹除了可以起装饰作用之外，更重要的是它的象征意义，归纳起来有以下三点：

第一，蝉纹象征着饮食清洁。

蝉一般栖身于高枝之上，靠吸食树木中的汁液为生，所以它就变成了洁净的化身。

《荀子》里面说：

> 饮而不食者，蝉也。

意思就是，蝉不吃任何东西，只是吸取树的

▲ 紫檀蝉纹香几

▲ 青铜俎、蝉纹

汁液，进而引申出饮食清洁的寓意。在商周时期饮食卫生已作为一件大事受到人们的关注，人们也更加重视生活品质的提升。青铜饮食器中的蝉纹可能有这样的寓意，代表着这些器具卫生情况是达标的。

第二，蝉纹象征着品行高洁。

在西周时期，讲究德治，德行很重要，蝉纹由饮食清洁进一步引申出品性高洁。在古人的观念中，蝉是不被人间烟火所污染的一种昆虫，是高洁品格的象征，叫作居高食露，在古人看来，这具有一种高雅之态，此后这一美德被历朝历代的文人墨客大加颂扬。

初唐诗人虞世南在《蝉》一诗中写道：

　　　垂緌（ruí）饮清露，流响出疏桐。
　　　居高声自远，非是藉秋风。

这句诗的大概意思是说，触角垂于树下的蝉儿，靠着雨露来维持自己的生命。它居住在挺拔疏朗的梧桐上，因此它的声音能够流丽响亮，传得很远，这并不是借助秋风的力量。

这首诗看起来是对蝉的描述，实际上要表达的是作者对于做官、做人之道的看法和理解，他认为无论做官还是做人，只有立身高处，德行高洁，才能说话响亮，声名远播。

第三，蝉纹象征着死而复生。

蝉一生经历了卵、幼虫、成虫不同阶段，蝉卵孵化后落入土中变为幼虫，幼虫蛰伏几年甚至十几年后钻出地面，爬到树上蜕变为成虫。

《论衡》里有这样一句话：

　　　蛴螬（qí cáo）化为复育，复育转而为蝉；蝉生两翼，不类蛴螬。

意思就是，蛴螬变为复育，复育又变成蝉[1]，蝉有两个翅膀，和蛴螬一点也

---

[1]古人限于当时的认知水平，认为"复育"是"蛴螬"变的，实际有误。

不像。蛴螬指的金龟子的幼虫，复育指的是蝉的幼虫。

这段话讲述了蝉一生的不同阶段和奇特的变化，与其他卵生或者胎生的动物完全不同，这种独特的生命循环仿佛死而复生一样，具有一种神性。因此蝉就被赋予了一种起死回生的神秘力量。从战国到秦汉以后，神仙思想兴起，蝉这种死而复生式的蜕变更被渲染上了一种蜕化成仙的神秘色彩，成为东汉道教羽化升仙的思想依托之一。

《淮南子》里有这样一段话：

> 若此人者，抱素守精；蝉蜕蛇解，游于太清；轻举独往，忽然入冥。

意思就是，像这样的人，简单质朴，心神纯净，如同蝉蜕壳蛇蜕皮那样，从世俗中解脱而遨游于太清天道之中，轻盈飘逸、独来独往，恍惚间进入那幽深冥暗之处。这里所描述的就是羽化蜕变游于太清之境的仙人形象。

学界也有这样一种看法，认为我国传统史书中记载的第一个中原世袭制朝代——夏朝，其名字来源于蝉这一昆虫。为什么这么说呢？

我们来说说夏朝的建立。启的父亲大禹将领袖之位传与儿子夏启，这实际上改变了之前禅让制的传统，改为世袭制。夏启建立夏朝，将原始部落分别统治下的疆土收归一统，建立了国家的概念，由原来的公天下变为家天下。家天下之后，统治者最大的愿望就是天下永远是自己家的，世世代代，子孙永享，延绵不绝，这也是之后中国历朝历代的统治者最大的愿望。

我们再来看蝉，蝉分雌雄，雄蝉高居枝头，其声音可以传播得非常远，这象征着帝王的威望，能够号令天下，声名远播；而雌蝉则极为低调，躲进树干之中，专心抚育蝉蛹，当蝉蛹孵出之际，便掉落至土壤表面，吸收土壤的养分，完成多次的蜕壳之后，终于成为成年的蝉；然后，雌蝉与雄蝉又开始新一轮的分工，完成自己的不同使命。这样周而复始，生生不息。这正是统治者所希望的。而蝉是夏天的昆虫，看到蝉，听到蝉的鸣叫便知夏天来了，所以夏之虫——蝉就为启的世袭制的思想提供了依据，于是启就将其国号定为"夏"。

在帝王的影响下，蝉从一种普通的昆虫转而变为受贵族尊敬和崇拜的神虫。

蝉纹的形象特征很明显：大目，近似长三角形的身体，腹部有多道横向的条纹，分为无足和有足两种，下图左面的是无足蝉纹，近似于蛹的样子，右面的是有足蝉纹。我们刚才在家具中看到的都是无足蝉纹，蝉纹一般会与其他动物纹饰组合起来进行装饰，比如前文中的青铜俎，就是与饕餮纹组合使用，营造出一种庄严肃穆且有某种原始力量的神秘氛围。这就是蝉纹。

▲ 无足蝉纹   ▲ 有足蝉纹

云雷纹

下页图是一件清代中晚期的家具，原收藏在北京市文物商店，是一件灪鶒（xī chì）木鼎形供桌，在桌面的侧面四周装饰了一种连续的卷曲状的纹样，这就是云雷纹，我们再看前文中的青铜俎，侧面板上饕餮纹的底纹也是云雷纹，不同之处在于桌子上的纹样是大小相同的，而俎上面的纹饰大小不一，根据其面积大小进行了变形，但是纹样的构成形式是相同的。

云雷纹是指以连续的回旋形线条构成的几何纹样。商周时期云雷纹大量出现在青铜家具上，多以衬托主纹的地纹或者辅纹形象出现，比如在兽面纹、夔纹的

▲ 鸂鶒木鼎形供桌

空隙处常填以云雷纹，产生一种华美、繁复的艺术效果。

云雷纹的来源是什么？

南方和北方不同。

在南方，云雷纹是由具象的动物形象抽象化而形成的，这个具象性动物形象就是蛇。所谓云雷纹，是蛇的抽象化和纹样化。

《汉书》里有这样的描写：

自交趾至会稽七八千里，百越杂处，各有种姓。

意思就是，从交趾到会稽七八千里，是百越族的居住地（"交趾"指的是今天越南河内一带，会稽指的是今天江苏一带）。百越人交错杂居，这些人并不属于一个种族。

▲ 云雷纹

▲ 蛇

▲ 云雷纹

▲ 云雷纹、蛇

先秦古籍对南方的众多部族，统称为"百越"。具体来讲，百越人居住在包括今天的江苏南部、上海、浙江、福建、广东、海南、广西及越南北部的一大片地区，就是古时候的南方人。百越族所处的南方气候温热，蛇很多，蛇害严重，百越人对蛇害无能为力，没有办法消灭蛇，怎么办呢？为了保护自己，百越人转而开始崇拜蛇，供奉蛇，他们通过原始巫术和图腾崇拜的方式，希望能与蛇背后的神秘力量交流，从而通过蛇的神力去保佑自己的氏族部落，并且降祸于它的敌对部族。

《吴越春秋》中有这样一个故事：

吴王阖闾向著名的谋略家——大夫伍子胥请教治国之道。伍子胥说："凡是想要建立一番霸业的君主，一定得要做到这几件事，首先就是筑起内城外城，做好防守，充实粮仓米仓，而且要把所有的武器准备好。"阖闾说："我们能不能利用自然界的力量来威慑邻国呢？"子胥说："能。"阖闾说："好，这件事我就交给您了。"伍子胥于是就派人观察土地、探测水文，仿照上天、效法大地，开始建造一座全新的城市。他首先建了一个大城，城墙周长四十七里，陆地上的城门有八个，用来象征天空中八个方向来的风；水路上的城门有八个，用来模仿大地边缘八个方向的门窗。然后在大城里面又建筑了一个小城，周长十里，伍子胥知道吴王有吞并越国的计划，而越国在吴国的东南方，按照十二时辰所标的方位，地处巳位，这个方位对应的动物是蛇，所以伍子胥在这个位置设立了一个蛇门。所谓的蛇门就是在门上挂了一条象征越国的木蛇，蛇头向着城内，蛇尾向着城外，表示越国终将归附于吴国。从这个故事我们就可以看出古人对于蛇的崇拜。

这是古代南方云雷纹的来源，其本质是巫术礼仪和图腾崇拜。

那么北方呢，云雷纹的来源又是什么呢？正如其名字，它来源于自然界，比如云、雷、河流、天象、贝壳、蜗牛、龙卷风等。

在《易经》中有这样一段话：

> 古者包牺氏之王天下也，仰则观象于天，俯则观法于地，观鸟兽之文与地之宜，近取诸身，远取诸物，于是始作八卦，以通神明之德，以类万物之情。

意思就是，古时候，包牺氏作为天下的君王，仰头观察天象，低头观察地理，观看鸟兽的斑纹和脚印，近处取自自身，远处取自万物，于是开始创作八卦，用来会通神明的美德，用来归类天下万物的情态。

从远古时代开始，我们的祖先就已经有专门人员观天象、掌历法，并且模拟自然界的事物、现象，应用到日常的器具表面，而云雷纹正是在这样的背景下产生的。

云雷纹在青铜家具表面的装饰是非常活泼而丰富的，随时可以依据空间形式而变化，例如变为三角形、菱形、长方形等形态，恰到好处地表现了主纹与辅纹的关系，使被装饰的主体形象层次分明，疏密有致；后世演变的过程中，越来越接近一种规整的几何纹样，与汉语中的"回"字很相近，所以慢慢地，云雷纹就被称为回纹。在当下许多学术文献中云雷纹和回纹处于一种混用的状态，一般来说，在描述商周及更早的纹样时人们一般称云雷纹，在提及明清纹样时人们则较多使用回纹这个词，从艺术形式来看二者是同源性纹样体系的变体。

青铜家具中的装饰纹样跨越千年在清代宫廷家具中重现，会让我们有一种错觉，仿佛那些古老的青铜器在富丽堂皇的皇宫里重生了，这些纹样之所以得到清代皇帝们的偏爱，主要基于以下两个原因：

第一，这些纹样代表着一种权威和力量。夔纹和饕餮纹是神兽纹祥，蝉纹代表着起死回生，云雷纹则是蛇纹和自然界风雨云雷的抽象的表达，这种威严感和压迫感，清代的统治者和商周时期的统治者一样，都需要。

第二，这些纹样具有独特的美感和奇异的视觉感受。纹样可以脱离家具本身再次出现，这就说明纹样具有独立性。这些商周时期的青铜家具中的纹样不仅具有很好的文化意蕴，而且具有不同于其他时期家具纹样的独特美感，给人带来一种难以忘记的视觉感受，这是它能够再生的决定性原因。

青铜家具是中国家具史中浓墨重彩的一笔，但是从春秋战国时期开始，青铜家具开始慢慢退出历史舞台，漆木家具开始成为中国家具的主角。为什么漆木家具会代替青铜家具成为人们使用的主要家具类型呢？春秋时期，哪个地区的漆木家具最光彩夺目呢？这些家具有保留下来的吗？下章给大家讲解。

第四章

迷幻楚漆

在《韩非子》里面记载了这样一个故事，春秋战国时期，楚国有一个卖珠宝的商人，他经常来往于楚国与郑国之间，做些珠宝生意。有一天，他又准备了一些珠宝，打算拿到郑国去卖。为了招揽顾客，卖上好价钱，他就想了一个办法。他选了一些上等的木材，又去找技艺高超的工匠做成一个个精致新颖的木盒子，并在盒子的外面刻上各种各样美丽的花纹。盒子做完之后，看上去非常精致，简直就像一个艺术品。他想，要是把珠宝放到这样的盒子里，肯定能吸引郑国人来买，到时候大赚一笔。

这个珠宝商人带着这些装满珠宝的盒子，满怀信心地动身去了郑国。到了郑国之后，他找了一个热闹的集市，开始展示他的珠宝。果然不出所料，没过一会儿，很多郑国人便都聚拢过来，但是令他感到意外的是，这些郑国人感兴趣的并不是他的珠宝，而是装珠宝的木盒子。只见有个郑国人拿起盒子，仔细端详，简直是爱不释手，经过一番讨价还价后，郑国人把钱交给了珠宝商，就带着盒子走了。可是他刚走了没几步，却又返回来了。珠宝商以为他改变了主意，想退掉珠宝。谁知那人走到珠宝商面前，小心翼翼地打开盒子，取出里面的珠宝递给珠宝商说："刚才走得匆忙，竟然没发现盒子里有颗珠宝。这肯定是先生您放到里面去的，我是专程来归还珠宝的。"郑国人把珠宝还给珠宝商之后，便高高兴兴地拿着盒子离开了。这就是买椟还珠的故事。

这个成语的寓意是告诫大家做事不能舍本逐末，但是我们也可以从另外一个角度来看这个故事，那就是楚国在春秋战国时期，家具制作工艺已经达到一个非常高的水平，这些精美的盒子甚至可以抢了珍贵的珠宝的风头。

我们下面就来讲讲楚国。

楚国是春秋战国时期一个非常重要的诸侯国，从周成王时期开始，楚人的祖先熊绎被封为子爵，一直到公元前 223 年楚被秦所灭，前后一共八百年，曾经创造了辉煌灿烂的楚文化。楚人的祖先最早生活在黄河流域的中原地区，在商朝后期，楚人的先民在商王朝军队的驱逐中被迫南迁。

西周初年，楚人在江汉地区建国，为了自身的强大，楚国不停地对外用兵，连年征战，到了战国时期，一度成为国土面积最大的国家。楚国包括哪些地区呢？传统意义上的楚国指的是今天的湖南和湖北，但实际上在其鼎盛时期它控制的区域包括今天的河南、安徽、江西、江苏和浙江等地区，楚国地理条件优越、物产丰富，在当时的中国属于富庶之地。

"楚式家具"是指先秦时期由楚人制作的、具有明显楚文化特色的家具。楚式家具风格的形成是在春秋中晚期。楚式家具之所以能迅速兴起，有几点原因：第一就是楚国经济发达、文化繁荣；第二是铁器的广泛使用，这个很关键，这就意味着楚国的加工工具比当时其他地方要发达；第三就是楚国拥有在大漆方面的资源优势。

《庄子》中记载，孔子南游到楚国时，楚国有一位著名的隐士叫接舆，他对孔子说过一句话：

桂可食，故伐之；漆可用，故割之。

意思是说，桂树因为可以吃，所以被人砍伐；漆树因为可以用，所以被人割皮。

可见漆树在楚国是一种十分常见的树种，楚国拥有非常丰富的漆树资源。也正是由于具备了上述一系列有利条件，楚式家具才会在战国时期迅速繁荣起来，并很快超过了中原地区，成为早期古典家具发展的主流，从而开创了漆木家具的新时代。

何必斑荆坐論舊相
評魚樂立移時栽非
子故不知子子固非魚
魚豈知 鴻鬼

清　金廷标　《濠梁图》　画中人物为庄子和惠施

尚巫之风与俎

　　右图是一件 2002 年湖北枣阳九连墩 2 号墓出土的俎，我们可以看到这个俎由三部分组成，案面、立板和板足，采用榫卯接合而成。俎我们前面讲过，但这件俎样式有些特殊，叫作"大房"。大房，就是盛半只牲畜的俎，这是在规格比较高的祭祀中使用的一种俎，它和我们前面讲到的俎不同之处在于高高的立板，立板上装饰有圆圈纹，而且有不规则的透孔，在板足上还装饰有 3 个玉饰。

▲ 漆木俎

　　在楚墓中经常可以见到这类镶嵌玉石的俎，我们前面讲过俎是祭祀时候放置牲畜用的，也可以用于日常宴饮，但是主要还是在一些礼仪活动中使用。为什么在楚墓中经常可以见到俎呢？这是因为楚国是一个尚巫的国家，楚人由上至下，从宫廷到民间，都对巫术，也就是祭祀和占卜极为推崇。可以说，巫风是楚地民俗的重要表现之一，也是其一大特色。

　　《汉书》里有这样一段话：

　　　　楚有江汉川泽山林之饶……民食鱼稻，以渔猎山伐为业……信巫鬼，重淫祀。

　　意思是说，楚国有山有水，地域广阔，物产丰富……楚人主要的食物是稻米和鱼，人们以捕鱼和伐木为生。楚国人都相信鬼神，重视祭祀。

可见在当时的楚国，上上下下都非常重视祭祀和占卜，对于祖先的崇拜也达到了一个相当疯狂的程度。

在《左传》里就记载了这样一个故事：

夔国，是楚国国君熊绎的六世孙熊挚的后代所建立，属于楚国的同宗小国，但是夔国的国君却不去祭祀楚人的祖先。楚国国君很生气，就去质问他，夔国国君就说："当年我们的先王熊挚本应继承楚国的王位，但因有病，而被打发到了秭归的大山上去当一个小诸侯，我们这些后人也因此流离失所。我们在受苦受难的时候，从未得到过楚国祖先的保佑，现在我们有了自己的国家，为什么要祭祀你们的祖先呢？"楚人听了非常愤怒，这一年的秋天，楚国的两位大将——成得臣、门宜申就率兵消灭了夔国。由此可见，祖先对于楚人来说是神圣不可侵犯的，违背这一意志的后代即是大逆不道的不肖子孙，就要受到惩罚。

楚国的上层社会非常重视祭祀，其中最有代表性的当数楚灵王。在《新论》里记载了这样一个故事：一次，楚灵王正在举办祭祀活动，突然他的手下来报告："吴国的军队攻到城下了，大王，咱们赶紧组织军队准备应战吧！"楚灵王却说："大家不要惊慌，我刚才已经请求神灵保佑我们了，神灵会帮助我们退兵的。"结果吴国的军队很快攻进城内，俘虏了楚灵王。可见楚国人对祭祀多么执迷和痴狂，简直到了难以理喻的程度。

因为重视祭祀，所以早期楚漆家具中最典型、最常见的就是俎，仅在已发掘的湖北当阳赵家湖楚墓和赵巷4号楚墓中就出土了28件俎，每座墓出土一至三件不等，形制大都相同。

从商周发展到春秋战国时期，俎的形制变化不大，总体造型趋于稳定和端庄——浅盘式的俎面，立板式承足，与早期青铜俎相比，楚式的漆木俎保留了青铜俎的庄重，却又特别显出秀美的风格。

溯其源流，楚式俎是继承商和西周以来的俎发展而来，虽然说材质不同，但是漆木俎与铜俎同属一个发展序列，有明显的承接关系。首先从数量来看，楚墓中俎的随葬数与青铜俎类似，多为奇数。另外，从墓葬规格来看，在士的墓中很少见到俎，一般地位在大夫、上卿、诸侯之列的墓葬中才有俎出土，这也和青铜俎的情况差不多。

周朝以后，俎慢慢就消失了，但是它的一些造型要素依旧可以在后世的家具中找到。比如我们前面讲过的辽宁义县出土的青铜俎，中央有一个尖拱形的曲线，就是后世家具中壶门的来源；又如信阳长台关二号墓的立板式俎顶端做成圆卷形，这就是后世家具中的宝座或者椅子搭脑正中的向后卷的所谓"卷书"的雏形。

在中国古代家具发展的漫长过程中，一些家具种类慢慢消失了，但是它的一些局部构件或者纹样却保留了下来。这种例子前面讲过，后面还有很多，我们的古人一代一代把家具中一些好的东西不断传承并且发扬光大，正是因为这样的发展演变，中国古代家具文化才变得越来越厚重、丰富和精彩。

▲ 饕餮纹青铜铃俎

▶ 战国漆凭几

尊凤

下图是一件 1966 年湖北江陵望山 1 号墓出土的木雕座屏，屏身以镂空透雕的手法，左右对称，雕有两组动物，包括凤、鹿、蛙、蛇、蟒等动物形象共 55 个，衔接穿插，构成了一幅非常生动的画面。外框由盘绕的蟒蛇组成，在屏心上真实地表现了鸟搏蛇、蛇吞蛙、鹿践蛇等场景。凤是这件屏风中的主角，只见凤鸟双翅伸展，好似动物的保护神，从中我们能够看出楚人对于凤的崇拜。在楚式家具中以凤的形象或者纹样作为创作主体非常常见。楚人为什么如此尊崇凤呢？

楚人大约在商代晚期从中原迁徙到我国南部地区，祝融是楚人的先祖，他是五帝之一——帝喾（kù）时期的"火正"，火正是当时掌管火的一个官员，祝融死后被尊为火神。

东汉班固撰写的著作《白虎通义》里提到南方之神祝融：

> 其精为鸟，离为鸾。

意思是说，南方之神祝融就是凤鸟的化身。"离"指的是八卦中的南方方位，而"鸾"就是凤鸟，南方的代表神兽是凤鸟。虽然凤鸟在中原有很长的历史、很

▲ 战国彩绘木雕小座屏

深的根源，但楚人心目中的这种神奇大鸟就是祝融的化身，也是楚民族精神的象征。所以楚人以凤为图腾，将凤视为至真、至善、至美的神鸟，也是理想与自由的化身。

庄子在《逍遥游》中有这样的描述：

> 鹏之徙于南冥也，水击三千里，抟扶摇而上者九万里，去以六月息者也。

意思就是，鹏往南方的大海迁徙的时候，翅膀拍打水面，能激起三千里的浪涛，环绕着旋风飞上了九万里的高空，这一飞在六个月后才停歇下来。这里的鹏，就是凤。凤在楚人的心目中是一只自由的神鸟。

楚人对凤十分尊崇，先秦时期，用凤来比喻人的只有楚人。

在《史记》中记载了这样一个故事：

春秋时期，楚庄王登基后，不理政务，每天不是出宫打猎游玩，就是在后宫里和妃子们喝酒取乐。楚国右司马吴举想劝说楚庄王励精图治，然而，他又不敢直接劝谏。有一天，他看见楚庄王和妃子们做猜谜游戏，楚庄王玩得十分高兴，便灵机一动，决定用猜谜语的办法，暗示楚庄王。他说："大王，臣在南方时，见到过一种鸟，它落在南方的土岗上，三年不展翅、不飞翔，也不鸣叫，沉默无声，这只鸟叫什么名字呢？"楚庄王知道右司马是在暗示自己，就说："三年不展翅，是在生长羽翼；不飞翔、不鸣叫，是在观察民众的态度。这只鸟虽然不飞，一飞必然冲天；虽然不鸣，一鸣必然惊人。你回去吧，我知道你的意思了。"从此楚庄王开始亲自处理政务，整顿吏治，惩治腐败，起用贤能之才，楚国日渐强大起来。

这就是一鸣惊人这个成语的由来。在这个故事里，楚庄王就是把自己比作一只"三年不飞，飞将冲天；三年不鸣，鸣将惊人"的神鸟，这只神鸟就是凤。

可以说，凤是楚人、楚文化的一种最突出的标识，我们今天说到楚的时候，也会想到凤。凤是中国传统文化中的一个重要文化符号。但凤到底是一种什么样的动物，至今没有定论。

关于凤，《尔雅》里是这样描述的：

鸡头、蛇颈、燕颔、龟背、鱼尾、五彩色，高六尺许。

意思是说，凤长着鸡一样的头，蛇的脖子，燕子的下巴，乌龟的背，鱼的尾巴，五颜六色，六尺多高。

凤这种动物的形象来自远古时期的氏族社会图腾崇拜，是不存在于自然界中的一种想象的动物。凤是古人将鸡、鹰、燕、龟、鹤、孔雀、鸵鸟等，和太阳、风等自然现象多元融合而产生的一种动物。

楚漆家具中出现的凤的形象都是傲然挺立的身姿，体现出楚人的一种蓬勃向上、不屈服于命运安排的精神面貌，凤是楚人的图腾，也是楚人精神的象征。

下图是一件1978年从湖北随县曾侯乙墓出土的彩绘凤足案，曾侯乙墓是战国早期曾国君主乙的墓葬，我们前面讲过，曾国受楚国影响很大，地理位置上与楚毗邻，后来被楚吞并，文化特点也基本一致。因此曾侯乙墓所出土的家具与同时期的典型楚漆家具相比有着明显的相似性，属于广义楚漆家具的一部分。

这件家具的下部有两个横向构件，我们称为横附，是后世家具中的托泥的前身。在横附的上部与三个立柱榫卯接合，这三个立柱中旁边的两个就是站立

▲彩绘凤足案

的凤的形象，昂首挺胸，中间是一个带束腰的立柱。这件案与中原家具迥然不同，最大的原因就是立凤形象的立柱的使用，充分体现了楚人对于凤的喜爱和尊崇。

楚人尊凤是楚漆家具要表现的一个重要主题，在整个中国家具发展史上，这种现象都比较罕见，这也使得楚漆家具具有独特的艺术魅力。

对鹿的崇拜

下图是一件 1988 年从湖北当阳赵巷出土的春秋中晚期的饰龙虎图案漆俎。这件俎也符合我们讲的俎的基本形式——长方形的俎面两端起翘呈下凹的形态，下面是四个曲尺形的板状足，两者之间用榫卯相接。

俎面髹饰朱红漆，其余地方以黑漆为底，上面朱绘各种鸟兽。我们来看一下这些装饰图案，非常别致，这些瑞兽珍禽形态各异，但是都是以鹿为母题，非常写实，一共有 22 只。这些瑞兽四肢修长，长尾，有的生有枝杈状角，有的无角，它们的躯体各不相同，其中有龙、虎的特征。我们来看这一对，在曲尺形的足的宽面上部的一对动物，体态粗壮如牛。这充分体现了楚人的想象力，另外也可见楚人对鹿的器重和崇拜。

▲ 春秋时期饰龙虎图案漆俎

鹿是一种矫健、善良、美丽的动物，在古人的心目中是一种瑞兽，自古以来受到人们的喜爱。中国古代典籍中也记载了众多有关鹿的典故。

如《山海经》中记载：

又东北百二十里，曰女几之山，其上多玉，其下多黄金，其兽多豹虎，多闾（lú）麋、麈、麂（jǐ）。

意思是说，再向东北一百二十里处，有一座女几山，山上有很多玉石，山下盛产黄金，有很多豹和虎，还有很山驴、麋鹿、马鹿和小型的鹿。

《诗经》是中国最早的一部诗歌总集，里面也有赞颂鹿的诗歌：

呦（yōu）呦鹿鸣，食野之苹。

意思是说，阳光下鹿群呦呦欢鸣，悠然自得地在山坡上吃草。

在先秦人们的心目中，鹿不仅外形优美，而且天性善良，甚至拥有互不疑忌、和睦友爱的品德。

宋代学者陆佃在其著作《埤雅（pí yǎ）》中说：

鹿爱其类，发于天性……旧说鹿者仙兽，常自能乐，性从其云泉。

意思是说，鹿爱护自己的同类，是出于一种天性。过去有人说鹿是一种如神仙一般的动物，常常生活得非常自在，性格像天上的云和山中的泉水一样的散淡。

中国是养鹿历史比较悠久的国家，在《管子》中有这样一个故事：春秋时期，齐桓公在名相管仲的帮助下把齐国治理得很好，征服了许多割据一方的诸侯，可以说是称霸中原。可偏偏楚国不听齐国的号令，齐桓公特别头疼。这时候管仲就对齐桓公说，大王不要着急，我有妙计。过了几天，管仲派100多名商人到楚国去买鹿。当时的鹿是较稀少的动物，只有楚国才有。但人们只把鹿当作一般的可以吃的动物，买一头只要两枚铜币。管仲派去的商人在楚国到处扬言："齐桓公特别喜欢鹿，要不惜重金购买。"楚国商人一听，见有利可图，纷纷开始四处购鹿，起初是 3 枚铜币一头，过了几天，加价为 5 枚铜币一头。又过了一段时间，甚至提高到了 40 枚铜币一头。楚人见一头鹿的价钱赶得上几千斤的粮食，于是纷纷放下农具，制作猎具奔往深山去捕鹿，连楚国官兵也停止训练，陆续将兵器换成猎具，偷偷上山了。一年间，楚国的土地大荒，铜币却堆积成山。楚人想用铜币去买粮食，却无处购买。因为齐国已发出号令，禁止各诸侯国把粮食卖给楚国。这样一来，楚军人黄马瘦，战斗力大减。管仲见时机已到，马上集合各路军队，浩浩荡荡，开往楚境，楚成王内外交困，无可奈何，忙派大臣求和，同意接受齐国的号令，不再割据一方，欺凌小国。管仲不动一刀，不杀一人，就制服了本来很强大的楚国，这里面依靠的就是这个鹿。

从这个故事我们可以知道，楚国的确有很多鹿，鹿这种生性警觉、温顺可爱的动物，不仅是先人主要的狩猎对象，还被楚人视为具有特殊生命力的动物，能给人们带来吉祥、幸福和长寿。在《礼记》里有这样一段话：

鹿角解，蝉始鸣。半夏生，木堇荣。

意思是说，夏至一到，人们可以割鹿角了，蝉鸣声声不绝于耳。半夏木槿也纷纷开花。

鹿是实角动物，只有雄鹿才长角，年年脱落，年年生长，各式各样，蔚为大观。正是因为鹿角自然脱落之后可以重新生长出来，所以楚人认为鹿角具有一种神力，他们将鹿的这种神性与其他具有神力的动物特征结合起来，比如我们上文讲的这件俎，就是将鹿与龙、凤等动物形象结合起来，产生一种新的动物，希望能够产生更大的神力。

楚人将自己对于鹿这种善良的动物的认知借由楚漆家具表达出来，使得家具也拥有了鹿所拥有的灵性，增加了家具的艺术感染力，让我们这些后人感叹祖先的创造能力和无与伦比的想象力。

追求浪漫与自由的楚漆家具

下图是一件 1978 年从湖北随县曾侯乙墓出土的凭几。几身的整体线形生动流畅，上面描绘有云形纹饰，面板呈下凹状态，狭窄纤细，是为了人们伏在上面比较舒适，转折处显得粗壮厚重有力。几足上宽下窄，是模仿动物的股腿形状，下面有横附来支撑几体。总体来讲，该凭几既合乎力学上的原理，又十分美观，不失为一件上乘的作品。

凭几，是先秦时期设于座位旁边用来凭倚身体的一种家具，也属于一种礼器。几在先秦文献中有很多记载，《礼记》里有这样一段话：

大夫七十而致事。若不得谢，则必赐之几杖。

意思是说，大夫到了七十岁就要退休，如果不能退休的话，君王就一定要赐给他凭几和拐杖。凭几最初属于一种敬老的器具，和拐杖一样，方便年老的人在坐的时候倚靠之用，后来慢慢扩展到所有人，成为一种比较常见的家具。

▲黑漆朱绘凭几

我们再回头看这件凭几，如果将这件凭几看成一个人的身体的话，窄细的几面就像纤细的腰身，体态轻盈秀美，如行云流水、曼妙歌舞般蕴含着一种舒展平缓的韵律感。这件家具的造型充分体现了楚人的审美——对于纤细感和曲线的偏爱。

有一句话叫"楚王好细腰，宫中多饿死"，这里的楚王指的是楚灵王，这句话出自《墨子》里记载的一个故事：

楚灵王喜欢男子有纤细的腰身，所以朝中的一班大臣，唯恐自己腰肥体胖，失去宠信，因而不敢多吃，每天只吃一顿饭。大臣每天起床后，穿衣服的时候先屏住呼吸，然后把腰带束紧，扶着墙壁站起来。等到第二年，满朝文武官员脸色都是蜡黄黑瘦的了。

楚人这种对人体审美的喜好也影响了家具的造型，总体来讲，楚式家具具有一种灵巧、生动、富于变化的形式美感，主要采用流畅而富有节律感的曲线，在这种极富想象力的、造型轻巧、美观、实用的楚式家具中，充分体现了楚人的那种精确、周到和务实的设计意识。

楚漆家具造型以自由的曲线为主，不拘于特定的形式，艺术风格浪漫不羁，这与楚人的性格息息相关。楚国先民可谓是披荆斩棘，开创出一份霸业，楚国国君以蛮夷自居，饮马黄河、具有问鼎于周的气魄，楚人崇尚生命活力，具有开拓和创新、不惧权威、不循礼教、不拘泥传统的精神，而这种精神，正是楚文化崇尚自由和追求浪漫主义的源头。

庄子是楚国公族，楚庄王后裔，后因战乱迁到宋国。以庄子的才学，想要谋求一个官职是非常容易的，然而庄子无意做官，只做过很短时间的管漆园的小官。庄子的学问渊博，游历过很多国家，对当时的各学派都有研究，进行过分析批判。楚威王听说他的才学很高，派使者带着厚礼，请他去做相国。庄子笑着对楚国的使者说："千金，确实是厚礼；相国，也的确是尊贵的高位。可你就没有看见祭祀用的牛吗？喂养它好几年，然后给它披上有花纹的锦绣，牵到祭祀祖先的太庙去充当祭品。到了这个时候，它就是想当个小猪，免受宰割，也办不到了。你赶快给我走开，不要侮辱我。我宁愿像乌龟一样在泥塘里自寻快乐，也不去受一位国君的约束。我一辈子不做官，我要永远自由快乐。"

庄子这种追求自由的精神对于楚漆家具的风格影响至深，其中包括造型上的不拘一格，采用曼妙的曲线一气呵成，在装饰上也采用极富想象力的构图，甚至在色彩上也形成了独特的艺术风格。

楚国另外一位重要的人物屈原，是楚武王熊通之子屈瑕的后代，中国历史上伟大的爱国诗人，中国浪漫主义文学的奠基人，他创作的《楚辞》是中国浪漫主义文学的源头，与《诗经》里的《国风》并称"风骚"，对后世诗歌产生了深远影响。《楚辞》的句式或七言，或五言，与《诗经》以四言为主整齐划一的句式有所不同，给读者带来跌宕错落、回旋流转的视觉美感和音韵美感，如《离骚》

▲清　任熊　《屈原像》

中的"惟草木之零落兮，恐美人之迟暮"；另外，屈原的文学作品还创造了一种独特的、充满浪漫主义色彩的"神游"意向：

如《离骚》中的：

驷（sì）玉虬以桀（chéng）鹥（yī）兮，溘（kè）埃风余上征。

意思是说，我要驾着白龙，乘上凤凰，借着那风势去天空漫游。

浪漫的文学作品必然也会影响楚国的造物文化，楚漆家具在追求自然、浪漫和自由的道路上越走越远，逐渐形成了与中原家具完全不同的独树一帜的家具风格。

楚漆家具是特定历史阶段形成的中国古代家具长河中一朵奇异的水花，它自由、浪漫、灵动，展现了中国人性格中更为感性和柔软的一面，它独具的魅力和性格，总结起来有三个方面：

第一，尚巫之风，丰富多样。楚人痴迷于祭祀导致像俎这样的礼仪家具种类丰富，其造型和使用规范基本上是商周时期青铜俎的延续。

第二，图腾崇拜，独树一帜。楚人尊凤爱鹿导致在楚漆家具中形成了有别于中原地区家具的对于动物形象的独特塑造。

第三，造型灵动、不拘一格。楚人崇尚自由和浪漫的思想导致了楚漆家具造型以曲线为主，不拘泥于程式化的造型，独具特色。

楚漆家具中还有哪些精品呢？买椟还珠里的"椟"的真实形象是什么样子呢？为什么我们现在看到的楚漆家具都是红黑髹漆呢？它有什么特殊的含义吗？咱们下一章讲述。

第五章

神秘曾侯

1977年9月，解放军的一个雷达修理厂在湖北随县县城西郊的东团坡修建营地，放炮施工，平整山头。当人们用推土机推开这一带已经被炸药炸松的红色砂岩时，发现东团坡顶端有一片土的颜色、质地与其他地方不同，是一种黄黑褐色的黏土，比周围的沙砾岩质地更加紧密。这一特殊的现象引起了雷达修理厂厂长郑国贤的注意。郑国贤是个考古爱好者，他根据自己掌握的考古学知识认为，这里很可能是一座古墓，有必要向县文化馆报告。但是先后两次，他的报告都遭到了文化馆同志的否认，郑国贤并没有放松警惕，他始终关注着工地，生怕祖先留下的具有无法估量价值的古墓在自己手中被破坏掉。

到了第二年的2月，轰隆的爆炸声和推土机声还在东团坡一带喧嚣，突然有一天，郑国贤发现在推土机推过的地面上出现了石板。一块、两块，越来越多的石板出现，郑国贤下令立即停止施工，又去把县文化馆的同志请来了。这一次来的人并没有像前两次一样，贸然否定郑国贤的判断，而是报告给上级有关部门。3月19日，湖北省考古专业人员赶到现场，当即进行了考古勘探，证明郑国贤的判断没有错，这确是一座大型古墓，这就是震惊中外的战国早期曾国国君"乙"的墓葬，简称曾侯乙墓。

它的发现在我国考古史上写下了光辉的一页。曾侯乙墓的发掘在许多方面都是空前的，出土的各类文物总数达一万五千多件。它的发掘震惊了中国，也震惊了世界。

曾侯乙墓位于今天湖北省随县擂鼓墩附近，这个地方属于古代曾国。西周时期，曾国是西周统一分封制度下在南方的重要封国。曾国与强邻楚国数年恩怨纠缠，随着周王朝势力的衰退，曾国虽为姬姓，最终却成为强楚的附庸之国，曾国不可避免地沿袭了楚国的艺术风格，因此，考古学界认为曾侯乙墓出土的文物属于"楚式"风格。

曾侯乙墓出土的漆木家具数量多、品种全，被认为是迄今为止的战国早期最典型、最具有代表性的楚漆家具，其外形厚重，线条灵动，纹样简洁，内容丰富，融合了中原和南方文化的艺术特点。

下面我们就来欣赏几件曾侯乙墓出土的漆木家具。

神话与漆箱

右图是一件曾侯乙墓出土的漆木衣箱。衣箱是用来储存衣物的，箱盖向上隆起，箱体下部呈长方形，象征着天圆地方，盖身分别用整木剜制而成，盖两侧各有两个凸形把手，箱盖和箱体之间以子母扣合，便于开启与搬动。衣箱外部髹饰黑漆，上面绘制有红色的图案。

这些图案并非我们常见的龙凤、动物、植物，而是一些具有奇异形状的图案。我们仔细来看一下，在盖面一端绘有两条反向缠绕的人面蛇，盖中和其中一边绘有蘑菇状的云纹，另一边的两侧各绘制有两棵树，一高一矮，高树上立有两鸟，矮树上立有两兽。四棵树的树梢末端绘有9个具有光芒的圆形，两树之间各绘一人，立于树下，持弓射鸟。这幅画被称为"树木射鸟图"，

▲ 曾侯乙墓漆木衣箱

▲ 曾侯乙墓漆木衣箱图案（一）

▲ 曾侯乙墓漆木衣箱图案（二）

射鸟，大家会想到什么？是的，后羿射日。这幅图画应该就是取材于中国古老的神话——后羿射日。

《山海经》中记载了"后羿射日"的故事：

远古的时候，有座山名叫天台山，海水从南边流进这座山中。在东海之外，甘水之间，有个羲和国。这里有个叫羲和的女子，是上古天帝帝俊的妻子，她和帝俊生了十个小太阳。这十个小太阳平时睡在树下，轮流跑出来到天空执勤，照耀大地，可是他们很淘气，有时也会一起出来，这下可麻烦了，炎热烤焦了森林，烘干了大地，晒干了禾苗草木，地球上出现了严重的旱灾，给人类带来了巨大的灾难。为了拯救人类，后羿张弓搭箭，向那九个太阳射去，只见天空出现爆裂的火球，坠下一只只三足鸟。最后，天上只留下一个太阳，人们因此将后羿誉为英雄。

出自战国时期楚人之手的《山海经》，被认为是上古时期怪力乱神的奇书，其中描述的神怪、异兽等均是楚国纹样中常出现的题材。浪漫主义诗歌集《楚辞》中也存在着一个完整的神话系统，楚漆家具中大部分纹样的题材来自楚国的神话系统。这些纹样构建了楚人丰富的精神世界，使得楚漆家具独树一帜，具有独特的艺术感染力。

这个衣箱上描绘的"树木射鸟图"除了模仿后羿射日，还有什么更深层次的寓意吗？

原来在中国古代，从西周时期开始，就出现了一种巫术性射礼，简称"巫射"，就是弯弓搭箭，射向天空，射向飞鸟，射向已经死去的人，或者射向敌人的画像，甚至是以敌人形象制作的木偶，这些都属于巫射。古人迷信地认为这种巫射是带有一种超自然的神力的，可以帮助实行巫射的人达成某种愿望，这种愿望可能是降祸于自己的敌人，也可能是驱除妖魔，或者只是一种祈福。

"树木射鸟图"就是为祈福而进行的一种"巫射"，曾侯乙墓的墓主是一国之主，他最大的愿望就是风调雨顺，五谷丰登，人民生活富足和安定，"树木射鸟图"中，射箭人以"射"来实施巫术，飞鸟代表着可能会降于人民的某种灾祸，射箭人最终射中了飞鸟，象征着巫术目的最终实现，代表着曾侯乙即使死去仍旧能够保护他的国民获得幸福安定的生活。

"树木射鸟图"衣箱具有楚文化所特有的巫术色彩，所绘制的图案诡异又神秘，是楚文化独特的神话系统在家具纹样上的生动体现，不仅给人带来独特的视觉美感，也具有深刻的楚文化内涵。

巫、乐、舞与鸳鸯形盒

右图是一件曾侯乙墓出土的彩绘鸳鸯形盒，是盛放日用品的储物类家具。整个漆盒被制成鸳鸯的形状，头与身体可以分开，接口在脖子处，颈部有圆形榫眼，上半部开榫头插入榫眼中，而且头部还可以转动。鸳鸯的尾部平伸，翅膀上翘，双足作蜷卧状，形象栩栩如生。这是一种拟物的造型，非常传神。

鸳鸯为忠贞的情鸟，多为双游双栖，而该鸳鸯只有一只，属于独处者，因此我们可以发现其神态略显几分忧伤，还有几分期盼之情，这种写实而又传神的造型显然深具楚文化的特色。

这件漆盒除了鸳鸯形的整体造型之外，最引人注目的就是盒身上绘制的两幅很奇特的图案，分别叫"击鼓舞蹈图"与"撞钟击磬（qìng）图"。

"击鼓舞蹈图"，右边一怪兽侧身站立，两手持鼓槌，左边有一个舞师，腰间佩剑，形体明显大于右边的击鼓者。我们看对这个舞师的刻画，

▲ 曾侯乙墓彩绘鸳鸯形盒

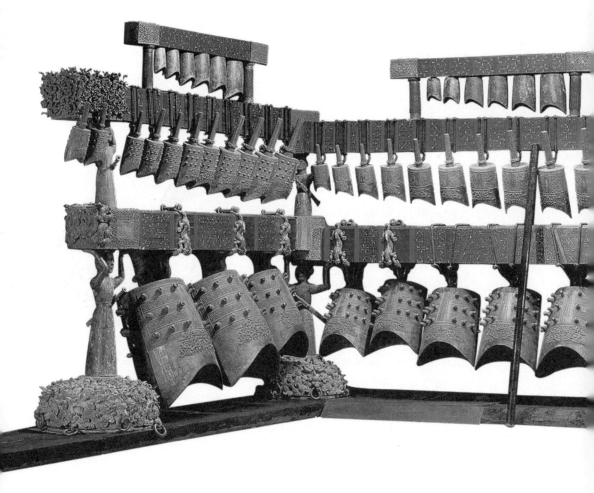

▲ 曾侯乙编钟

只见他双臂举起、长袖飘逸，非常夸张。这种描绘方式鲜明地突出了人物的主次关系，这是一个喜庆的、动感的和欢乐的场面，形象生动优美。

"撞钟击磬图"，极具夸张形态，色彩感浓烈。中间是两只奇异的鸟相对而立，两只鸟喙和鸟腿之间有横梁，横梁之上分别悬挂有钟和磬。一似人似鸟的乐师手持长棍正在敲钟，棍子呈现一定的弧度，整个画面呈不平衡构图，显示出一种较强的动感。

▲ 曾侯乙墓彩绘鸳鸯形盒图案（一）

▲ 曾侯乙墓彩绘鸳鸯形盒图案（二）

这个"撞钟击磬图"曾经还起到过一个意想不到的作用，事情是这样的：在曾侯乙墓出土了举世瞩目的编钟之后，为了让大家更好地了解文物，让现代的人亲耳听到两千多年前的乐器的声音，一些音乐家们组成了一个编钟演奏乐队，准备开一场编钟演奏会，可是如何来演奏这些乐器呢？

当时编钟出土的时候，在编钟的钟架旁有6个T字形木槌，大家猜测这应该是敲击编钟上层各组钟的演奏工具，但下层大型甬钟用什么工具来演奏呢？正在大家一筹莫展的时候，这件鸳鸯形盒左腹部上的漆画——"撞钟击磬图"引起了大家的注意，画面上悬着一个编钟，一个似人似鸟的乐师正双手执棒在撞钟呢！从画面上来看，应该是用一根大棒，所以音乐家们就想，难道是用一根大棒子来敲击吗？经过大家的反复研究和试验，果然没错，因为下层的钟体特别大，如果不用大棒撞击，确实难以激发整个钟体的共振，难以得到理想的音响效果。这也证明了楚人的绘画采取的是一种写实与虚幻相结合的艺术风格，看起来非常奇异诡谲，但实际上有些部分却来源于现实。

经过艺术家们的辛苦排练，第一场史无前例的编钟音乐会终于拉开了帷幕。第一曲就是合奏《东方红》。当那熟悉的旋律响起时，全场观众开始鼓掌和欢呼："千古绝响复鸣了！古钟发出新声了！"编钟首次演奏获得圆满成功，在社会上引起了强烈的反响。

我们再回过头看前面这两幅图，一个有关舞蹈，一个有关音乐，这个舞蹈和音乐又不是一种普通的娱乐性质的表演，从图形中的怪兽，奇鸟，似人似鸟的乐师，可以感受到整个画面明显呈现出一种巫风。古代的"巫"是由"舞"和"乐"演变而来的，巫实际上就是以舞和乐达到娱神和降神的目的。这在一定程度上印证了战国早期"巫""舞""乐"三者一体的巫术文化现象。

正因为如此，舞蹈和音乐在古代曾国十分盛行，曾国国君曾侯乙不仅是一个开明的君主，一个英勇善战的将军，还是一个多才多艺的艺术家。他会自制箫、笛、磬等很多乐器，而且还能演奏。

关于他和他宠爱的妃子——香妃就流传着这样一个凄美的传说：曾侯乙有一个宠妃叫香妃，聪明伶俐，不仅能歌善舞，而且精通音律，深得曾侯乙的宠爱。有一次，曾侯乙攻打北方小国鲁国，攻下城池后，缴获颇丰，带回了一种能发出响亮动听的声音的乐器——编钟。香妃把这套编钟视为宝贝，常常与乐师们一道为国君演奏。在演奏过程中，她发现仅靠这十个钟体组合起来的这个编钟，奏出来的音乐并不完整，且音量不够大，余音太短，在演奏时，有些音根本上不去，或演奏不出来。香妃从楚、唐、韩等国请来著名乐师，想要研制出一种升级版的编钟，想要使用三十六个大小不一的钟体，来奏出不同音量和不同音色的乐曲。香妃领着一众乐师和铸钟匠，一边铸造，一边试音与调音，耗时三年多，终于将三十六个编钟制造出来，轰动一时。正当香妃与众工匠、众乐师欢庆编钟制造成功时，在外地巡视的曾侯乙因感染了疫病，加上箭伤复发，突然病逝。香妃听到噩耗，悲痛欲绝，在国王死后的第三日，自愿殉葬，并且连同那一套编钟，一块安葬在曾侯乙的主棺旁。

曾侯乙墓出土的编钟为我们展示了古代曾国在乐器上达到的辉煌成就，而这件造型优美的鸳鸯形盒则带我们回到了那个整日乐声回荡不绝的遥远的古曾国，深受楚文化影响的古代曾国人每日从早到晚都沉浸在美妙的音乐和优美的舞蹈之中，人神共享，令人陶醉。它不仅是一个盒子，更表达了我们的先人对于美好生活的向往和不懈的追求。

崇蛇、厌蛇与衣架

　　下图是一件曾侯乙墓出土的云雷纹漆木衣架，由基座、立柱和横梁三部分组成。我们从最下部开始看，基座是两块圆木饼，座上各立一根圆木柱，立柱上、中、下三处呈方状凸出，柱上搁一根圆木为梁，梁的两端雕有蛇形兽首，上翘，上面绘有鳞纹。整个衣架以黑漆为地，在各个部分朱绘图案，这是目前所见较早的一件衣架，整件家具的视觉焦点就是两侧蜿蜒上翘的蛇形兽首。

　　我们下面就来说说这个蛇。

▲彩绘云雷纹漆木衣架

我国传统的信仰体系中有一个重要特征——灵蛇崇拜。神农、黄帝、炎帝、颛顼（zhuān xū）、大禹等形象，无一例外都是人面蛇身，人面蛇身的形象成了中国古代神祇的"共性特征"。

在《山海经》中有这样的记载：

> 轩辕之国，在此穷山之际，其不寿者八百岁。在女子国北，人面蛇身，尾交首上。

意思是说，轩辕国在穷山附近，这里的人最小也能活到 800 岁。它在女子国的北面，这个国家的人都长着人脸蛇身，尾巴盘绕在头顶上。轩辕国的国君就是统一中原各部的黄帝。

由于地域、气候和物产的缘故，楚文化也和蛇有着密切的关系。楚人自称蛮夷，中原人们甚至干脆称南方民族为"蛇种"。楚人所居的地区是古代的"三苗"之地，是以蛇为图腾的。曾国深受楚文化的影响，对于蛇的态度很矛盾：一方面崇拜蛇，认为其是楚人祖先墓葬的保护神；另一方面因为深受蛇害，所以又厌恶蛇。

曾侯与蛇还有一种不解之缘。曾经有这样一个传说：

相传曾侯有一天在野外见到一条受了重伤的大蛇，顿起恻隐之心，于是命令属下为大蛇疗伤。事后他也没把这件事情放在心上。几年之后，曾侯外出巡猎，当满载猎物的船只经过一条大河中间的时候，突然大风骤起，波浪滔天，眼看着船就要翻了。突然，在船头的河水中竟然露出一个蛇头，只见一条大蛇口中含着一颗明珠，大蛇将明珠慢慢放到船上，向着曾侯不断颔首致意，之后才慢慢离去，惊惶不已的曾侯这才发现原来这正是自己数年前营救的大蛇。大蛇走后，风浪终于停息了。在昏黄的暮色中，曾侯船舱内发出夺目的光彩，众人才知道大蛇献上的是一颗奇异的夜明珠。后人于是将这颗夜明珠称为"曾侯珠"，在曾侯乙墓中就有曾侯珠出土。

从这个传说中，可见楚人认为蛇具有灵性，可是另一方面，楚地草木繁茂，

▲ 曾侯珠

河流纵横，是蛇类生存的沃土。先民们在草丛中、水岸边见到蛇的机会相当大，人们深受其害。在他们的眼中，蛇不仅能吞食比自身大得多的动物，而且是一种害人的怪兽，见之则死。

汉代人贾谊在《新书》中记载了这样一个故事：

楚国有一个人叫孙叔敖，有一天在山林里玩，看见了一条两个头的蛇，他就把这条蛇给杀死了并且掩埋起来，回家后，他很难过，也不吃饭。母亲问他原因。他说："我听说见了两头蛇的人一定会死，刚刚我在树林里就见到了，我害怕我会抛下母亲先死啊。"母亲就问他："蛇现在在哪里？"孙叔敖回答说："我害怕后来的人又见到这条蛇，已经把它杀了并且埋了起来。"母亲说："不要难过了，我听说有阴德的人，一定会得善报，你杀了这条蛇并且把它埋了，这是一件造福他人的事情啊。我相信你日后一定会飞黄腾达的。"后来，孙叔敖果然当上了楚国的令尹，相当于丞相的职位，掌管着楚国的大权。

从这个故事当中，我们可以看出楚国人对蛇有一种害怕和厌恶的心理。

蛇与鸟作为地上和天上的动物的代表，是上古时期先人最常见到的两种动物，蛇在地上，鸟在天上，蛇为民害，鸟啄蛇亡。

《山海经》中有这样一句话：

> 北方禺强，人面鸟身，珥两青蛇，践两青蛇。

意思是说，北方有一个神叫禺强，长着人的面孔、鸟的身子，用两条青蛇穿在耳朵上作为装饰，脚下也踩着两条青蛇。

在楚漆家具中也表达了人们厌恶蛇的心理，常常以鸟啄蛇，或者鸟践蛇的形式来表现。我们前面讲过的一件在江陵望山1号墓出土的木雕座屏，这座彩绘小座屏上透雕了55只动物，其中以蛇的数量最多，有30余条。楚人尊凤厌蛇，这件屏风就将蛇放在屏风的底部和侧面，凤踩踏在上面，鹿也踩踏在上面，凤鸟还用嘴在啄蛇，凤和鹿在气势上完全占了上风，楚人借用凤鸟和鹿啄蛇、践蛇的表现形式来寄托楚人的厌蛇心理。

在两件家具上所表现出的楚人对待蛇的态度是完全相反的，这也体现了楚文化在处理动物形象时候的矛盾心理：一方面相信神话传说中的关于动物的某种神性，另一方面从生活实际出发，又要满足生存的基本需求，就会厌恶威胁自身安全的动物，这就形成了我们在家具中看到的这种对蛇又恨又爱的心情。

尚赤与红黑搭配的色彩观

下页图是一件曾侯乙墓出土的凭几。此几由三块木板以榫卯方式拼合而成，整体呈H形，几的侧面板是曲线形，婀娜多姿。从正面看这件凭几，侧板上部向内卷，与横向几面接合的部分最宽，向下和向上都逐渐变细，整件几虽然只有简单的三块板，但是因为这些曲线变化的细节使得整体造型灵动自然，值得细细品味。

影响漆木家具审美价值的元素除器型和纹饰外，还有一个重要元素，那就是色彩。这件凭几以黑漆为底，在面板和立板的侧面绘有朱红色的云纹，在面板的两个边缘和中间部位，描绘有三条粗大的朱红色线条。

《说文解字》中说：

彤，为丹饰也。

意思是说，彤指的是红色的装饰。

所以这件凭几还有一个名字——"彤几"，红色的几，名正言顺。

曾侯乙墓出土的漆木家具的色彩运用十分成熟，展现了楚人和楚文化中的浪漫主义气息，这些家具多以大面积的黑色为底色，配以对比鲜明的红色，使得家具的色彩搭配和谐，生动自然。

楚人尚赤，这是因为其祖先的缘故。

我们前面讲过，楚人的祖先是祝融，本名重黎，《汉书》里记载，重黎是帝喾时期的官员：

▲ 曾侯乙墓凭几

掌祭火星，行火正。

意思是说，重黎是一个管理火的称作火正的官员。

重黎是如何成为火正的呢？

黄帝时候，重黎是一个氏族首领的儿子，天生一副红脸膛，长得非常魁梧，聪明伶俐，不过就是脾气不太好，遇到不顺心的事就会火冒三丈。那时候燧人氏已经发明了钻木取火，但是人们还不大会保存火和利用火。重黎特别喜欢跟火亲近，所以十几岁就成了管火的能手。火到了他的手里，只要不是长途转递，就能一直保存下来。重黎会用火烧菜、煮饭，还会用火取暖、照明、驱逐野兽、赶跑蚊虫。这些本领，在那个时候是了不得的事。所以，大家都很敬重他。有一次，重黎的父亲带着整个氏族长途迁徙，重黎看到带着火种走路不方便，就只把钻木取火用的尖石头带在身边。

一次，大家刚定居下来，重黎就取出尖石头，找了一根大木头，坐在一座石山面前"呼哧呼哧"钻起火来。钻呀，钻呀，钻了整整三个时辰，还没有冒烟，重黎很生气，但是没有火不行，他只好又钻。钻呀，钻呀，又钻了整整三个时辰，烟倒是出来了，就是不起火。他气得脸变得黑红，"呼"地站起来，把尖石头向石头山上狠狠砸去。谁知已经钻得很热的尖石头碰在石山上，"咔嚓"一声冒出了几颗耀眼的火星。聪明的重黎看了，很快想出了新的取火方法。他采了一些晒干的芦花，用两块尖石头靠着芦花"嘣嘣嘣"敲了几下，火星溅到芦花上面，就"吱吱"冒烟了。再轻轻地吹一吹，火苗就往上蹿了。自从重黎发现用石头取火的方法，就再也用不着费很大功夫去钻木取火，也用不着千方百计保存火种了。中原的黄帝知道重黎有这么大的能耐，就把他请去，封他当了个专门管火的火正官。黄帝非常器重他，说："重黎呀，我来给你取个大名吧，就叫祝融好了，祝就是永远，融就是光明，愿你永远给人间带来光明。"重黎听了非常高兴，连忙磕头致谢。从此，大家就改叫他祝融了。

楚人非常崇拜自己的祖先祝融，从而也延伸出对于太阳和火的崇拜。太阳和火的颜色都为赤色，所以赤色便成为楚人审美中的一种尊贵的颜色。目前考古出土的楚漆家具多以黑、红两色为主导，有的是以赤色为底，描绘黑色的花纹；有的则是以黑色为底，绘有赤色的花纹。楚人尚赤，而赤色热情奔放，是楚人阳刚之气的体现。

《墨子》说：

> 昔者，楚庄王……绛衣博袍。

意思是说，以前楚庄王穿着红色的宽大的衣服。

这种以赤为贵的色彩观深刻地影响着楚漆家具的色彩，从楚墓出土的家具情况来看，普通平民的漆木家具常常通体髹黑漆，几乎见不到红色彩饰，而贵族阶层中红色使用较为频繁，且身份等级越高的阶层使用的家具当中，红色的运用就越多。在特定的礼仪场合下，楚国漆木家具中的色彩甚至作为一种区分身份等级的标识，而受到了严格的限制和规定。

《周礼》中曾记载：

> 司几筵掌五几、五席之名物，辨其用，与其位。

意思是说，司几筵负责在正式的礼仪场合，根据官员身份地位的不同将不同的席和几分配给不同的人使用。

我们前面讲过五席，那么什么是五几呢？这里的五几分别是指玉几、雕几、彤几、漆几和素几，根据其色彩和装饰的不同来命名。

玉几为嵌玉的黑底朱绘漆凭几；雕几为雕刻有繁缛纹饰的、通体髹黑漆的漆凭几；彤几指的是通体以黑漆为底，其上绘有朱红色纹饰的漆凭几；漆几指的是通体髹黑漆的、无纹饰的漆凭几；素几指的是通体髹黑漆的绘有白色纹饰的漆凭几。

这五几里面，玉几的等级最高，是因为使用了玉石这种珍贵的材料；其次是雕几，雕几虽然为黑色但是因为雕刻有美丽的花纹，所以等级也较高。除了这两种几之外，其他三种几则是从色彩上来体现其等级的高低，黑底朱绘的彤几的等级要高于通体髹黑漆的漆几和黑底白绘的素几，这就体现了楚人尚赤的文化心理。

▲ 丹砂矿石

那么赤色的漆是如何获得的呢？它的来源是一种被称作丹砂的矿物性染料。楚国境内原本并不盛产丹砂，但巴国盛产丹砂。于是公元前 362 年，巴国被楚国兼并，从而成为隶属楚国的黔中郡。有了盛产丹砂的黔中郡，楚国就拥有了丰富的丹砂资源，制作红黑相配的漆木家具就拥有了更便利的条件。

楚漆家具中红与黑的色彩搭配是极具代表性的色彩组合，黑底红纹或红底黑纹饱含着楚人的天地观，也体现出了楚人原始的色彩理念。楚人对赤色的强烈喜好，反映了楚人对色彩世界的独特追求，也推动了中国古代漆木家具工艺的发展。这种以红、黑二色作为家具主色调的处理手法也影响了后世的家具色彩的设计，甚至成了中国古代家具的一种传统配色。红色热情似火，充满活力和激情，黑色宁静沉稳，庄重神秘，这两种颜色组合在一起，将各自的色彩本性衬托得更加饱满，给人一种强烈的视觉冲击感。

曾国作为楚国的附属国，深受楚文化的影响。曾侯乙墓出土的漆木家具种类丰富，造型优美灵动，图案奇幻诡异，其所具有的特点可以总结归纳为以下三点：

第一，崇尚巫术的神秘纹样。在家具的表面装饰中采用巫射、巫乐、巫舞的题材体现了楚人崇尚巫术的社会风尚。

第二，崇蛇厌蛇的矛盾心理。在家具上有时把蛇捧在高位，有时踩在脚下，表达了既崇拜蛇又憎恶蛇的矛盾心情。

第三，崇尚红色的色彩设计。来源于祖先的尚赤心理，使得楚人以家具的色彩作为等级身份的象征和识别。

楚漆家具优美灵动的造型，神秘诡异的装饰图案给我们带来非常奇特的感受，那么楚漆家具在实用方面是否也有一些巧妙的设计呢？楚漆家具的工艺水平如何？除了曾侯乙墓，还有哪些墓葬中出土了哪些经典的楚漆家具呢？下一章将给大家讲解。

第六章　多变楚漆

1956 年，河南信阳地区大旱。为了寻找水源，当地百姓四处打井。信阳城西南方有一座隆起的小土丘，这块土丘很奇怪，周围的土地上面因为干旱已经没有什么植被了，而且土都干得裂开了，只有这一块土丘植被非常繁茂。大家猜测这个土丘下面一定有水，于是就开始在上面打井，结果钻井机一钻头打下去，没有打到井，却打到了一座古墓，这就是著名的河南信阳长台关楚墓。

　　长台关是当时信阳县（今河南省信阳市）的一个小镇，位于淮河北岸，在镇子的西北约 4 千米处有一条土岗，由西南一直蔓延至东北，传说中的楚王城和太子城就在这条土岗的东北部。我们前面也讲过了，楚国为春秋五霸、战国七雄之一，曾经在中国历史上显赫辉煌了八百年之久。战国晚期，楚襄王二十一年，也就是公元前 278 年，秦将白起攻占楚国国都郢（yǐng）（今天的湖北江陵），楚襄王被迫流亡到城阳（今天的河南信阳），并以此为临时国都组织力量抗秦，后来战败又退至陈城（今天的河南淮阳）。楚国在河南境内辗转多地，留下了很多足迹。信阳长台关楚墓群，应该就是这段历史的一个剪影。

　　我们这一章要讲的第一件家具就来自这座楚墓。

雕几与追求奢华

　　右页上图是一件 1957 年河南信阳长台关楚墓出土的漆雕几。我们先来看这件漆雕几的腿足结构，每边有四条直栅足，上部是较粗的扁方柱状，下部则收成细圆柱形，四足并成一排；足与上部的面板以暗榫套接，足下端以圆榫形式插入条

▲ 长台关楚墓漆雕几

形方座中，几面用整块硬木雕磨而成，花纹精细繁密，雕刻手法复杂，富有立体感，做工精细，通体再髹以光亮的黑漆。从这件几的造型和工艺特点看，当时的漆木雕刻与加工技术已经相当发达。

楚漆家具是多变的，既有感性的一面，崇尚巫风和祭祀活动，又有理性的一面，注重实用性；既有朴实质朴的一面，也有追求奢华的一面。

楚国经济发达，物产丰富，楚人长期生活在绿水青山之中，生性浪漫，色彩斑斓的自然界赋予了他们丰富的想象力，屈原和庄子追求浪漫和自由的思想也对楚人的造物产生了深刻的影响，他们将对美好生活的向往体现在建筑和家具上面。

什么是最美好的生活？宏伟和奢华是楚人的回答。

《左传》记载：楚灵王执政期间，开始追求物质享受，到处搜罗美女和珍宝，每天锦衣玉食，有了这些楚灵王还是不满足，他决定建造一座最雄伟的建筑——章华宫，在耗费了巨大的人力和财力之后，公元前 535 年，章华宫终于建成，为了炫耀这座天下第一宫，楚灵王向天下诸侯发出邀请，请他们来参加竣工典礼，同时炫耀楚国强大的经济实力，意欲再会诸侯，取得霸主地位。但是由于建造章华宫这种奢侈的行为不为中原文化所喜，同时中原诸侯始终认为弑君篡位的楚人为蛮夷，所以诸侯们谁都不愿前来参加典礼，只有鲁国国君鲁昭公前往观礼。他一方面仰慕楚国的建筑文化，另一方面也因为是楚国的邻居，担心不来会受到楚国的欺负。鲁昭公受到了楚灵王的特殊礼遇，楚灵王让属下引导着鲁昭公，拾级而上，每登一层就绕台一周，向鲁昭公夸耀一番，中途得休息三次才能登顶章华台。

章华宫的奢华除了高和广之外，还有繁复的装饰和斑斓的色彩。根据湖北省潜江市出土的章华宫遗迹，文物人员推断出章华宫建筑群采用了黄色的台基，朱红色的立柱，灰色的筒瓦屋面，在木构件上面还施以彩画，墙面上还绘有壁画，甚至还采用精选的小贝壳按人字形铺就了一条贝壳路。

屈原的《九歌》里有这样一句话：

荪壁兮紫坛。

意思是说，用紫色贝壳铺地的高台。

屈原诗歌描写的用紫色贝壳装饰的建筑，并不一定是章华宫。从时间上看，屈原生活的时代，比楚灵王建造章华宫的时间晚了200多年，当年豪华的章华宫是否还存在并被屈原看到，今天已无法证实。如果说屈原没有看到过章华宫，他的诗歌中描绘的可能就是别的建筑，那就更加说明楚国建筑采用这种华丽的装饰是普遍现象，而不是只存在于章华宫这样个别的案例。

这说明当时建筑雕绘技术已达到了先进发达水平。色彩鲜艳，繁复装饰的建筑必然会对家具产生影响。楚漆家具的奢华在前面的案例中大家也能感受到一些，这种奢华首先体现在色彩的使用上，楚人对斑驳浓郁的色彩效果有着一种狂热而执着的追求。很多楚漆家具都是在黑漆底上施以朱、黄、暗红、浅黄、金、银、褐、绿、蓝、白等各种颜色的图案花纹，配以细小而流动感极强的红色或其他颜色的花纹，营造如繁星闪烁的夏夜晴空一般的神秘感。楚人出色地利用黑色所具有的调和性，将众多饱和的暖色调和在一起，虽然五色杂陈，却有着和谐的

▲ 彩绘木雕小座屏

色彩美感。

　　以上图荆州楚墓彩绘木雕小座屏为例，通体髹黑漆，再施以赤、金、绿、银等色彩，其中绿色十分鲜艳夺目。为了避免色彩繁多带来的跳脱和视觉刺激，楚人也使用同种、邻近和类似的间色进行搭配，从而实现整体色调的协调感。比如与青色邻近的色彩有蓝、翠绿、灰绿色；与黄色相近的有棕、褐、土黄色等。红色与黑色的相互映衬，朱红、灰绿、黄、白漆各种颜色相互调和，巧妙运用，使楚漆器有着丰富的色彩表达。

　　楚漆家具的奢华还体现在其繁复的装饰上，战国中后期，楚国上层贵族的奢侈享乐生活愈演愈烈，为了炫耀财富和权势，漆木家具的制作越来越追求精细奇巧，工匠们竞相展现自己精湛的技艺，常常将雕刻与彩绘相结合，是这时期漆木家具的一个主要特点，我们还是来看上图这件座屏，就是将浮雕与透雕手法并用，雕琢精巧，充分展现了线条的圆润和流畅，花纹雕刻得生动活泼，再进行髹漆彩绘，雕刻的深浅起伏与漆画色彩相搭配，光彩夺目，相得益彰，可谓精美绝伦。

雕几与重视人才和技艺

　　右下图是一件 1971 年湖南长沙浏城桥楚墓出土的雕花云纹漆几面，属于战国早期家具，现藏于湖南省博物馆。几面是用整块木料雕制而成的，作马鞍形下凹，两端呈厚重的方形，上面雕刻有简化了的饕餮纹以及云纹，整件家具雕刻技法娴熟，纹饰颇富想象力。下面两端各安有四根直立的圆柱状足，另外还各有两条斜栔插入几面和足座之间。足座呈两端翘头的矮拱形，其上刻有回纹和兽面纹。整件家具通体髹饰光亮的黑漆。

　　这件漆几无论是从结构，还是从雕刻工艺来看，都属于上乘之作，体现了战国时期楚漆家具的最高水平。

　　漆木家具的制作是一个很精细的过程，家具的整个生产流程包括制胎、涂漆、描绘花纹和打磨等工序。工匠是造物的主体，只有好的匠人，才会制作出好的器物，而只有良好的人才环境，才会孕育出优秀的匠人。楚国国君对人才十分重视，他们广纳天下贤士，不计门第出身，尤其是对技术人才更加重视。《礼记》中就曾经记载，公元前 450 年以后，公输班被楚国从鲁国引进，他后来为楚国制造了许多实用器具。公元前 589 年，楚庄王之子楚共王在位时准备派兵攻打鲁国，鲁国送给楚国一百名工匠、一百名裁缝、一百名织工，才换得和平。这些工匠艺人为楚国

▲ 雕花云纹漆几面复原图

▲ 云纹漆几面

带来了中原先进的纺织技术，推动了楚国的物质生产和技术进步。

楚国这种对人才的重视，使得楚国社会拥有了一批既有思想、又有高超技术的人才。

《庄子》中曾记载了一个故事：

楚国有一个人，在自己的鼻尖上沾了一点白粉，然后让一个名叫石的木工用斧头削掉这一层白粉。只见这位工匠从容不迫，快速地挥动斧头，如一阵风一般，将这个人鼻尖的白粉瞬间削没，而鼻子却连皮也没有伤到，这个故事反映了楚人高超的木工技艺。

楚国人才济济，这为漆木家具的发展提供了技术、审美和思想等各项实力条件，也成就了楚国漆木家具设计的华丽幻美和深刻内涵。楚漆家具木胎的制作手段多样，包括斫、镟和锯，榫卯结构复杂，雕刻种类已经出现圆雕、浮雕、透雕等多种手法，髹饰工艺水平大幅度提高，出现了彩绘、贴金和铜扣等多种装饰技巧。

人才和纯熟高超的技艺是楚漆家具辉煌艺术成就的重要物质基础，但是楚人没有停留在单纯的对于技艺的追求上，他们又提出了一个对于中国造物思想来说非常重要的论题：道与器的关系。

这不是一个新的辩题，早在《易经》中就已经有所讨论：

形而上者谓之道，形而下者谓之器。

意思是说，形而上的东西就是道，既是指哲学方法，又是指思维活动；形而下则是指具体的、可以触摸到的东西或器物。

庄子对于这句话用一个故事进行了新的注解，他在《庄子》中讲述了著名的"庖丁解牛"的故事：

有一个名叫丁的厨师替梁惠王宰牛，只见他手肩脚膝并用，顶住牛的不同部位，刀子所触及之处都发出皮骨相离的声音，这些声音非常悦耳，如同音乐一般。梁惠王说："你的技术怎么会高明到这种程度呢？"庖丁放下刀子回答说："臣下所探究的是事物的规律，这已经超过了对宰牛技术的追求。我刚开始宰牛的时候，对牛体的结构还不了解，当时我看见的只是整头牛。三年之后，就不一样了，我见到的是牛的内部肌理和筋骨，再也看不见整头牛了。宰牛的时候，臣下只是用精神去接触牛的身体就可以了，而不必用眼睛去看，我是全凭感觉在宰牛。"

这个故事里面就提出了"道"与"技"的关系，庖丁之所以可以非常娴熟地将牛解体，是因为他掌握了高于解牛这种技艺本身的更高深的"道"。

家具的制作也是如此，庄子认为一定要将形而下的制造技术和形而上的思维活动结合起来，才能做到道器并举，得道的境界就是"道"超越单纯"技"的层面，即达到一种艺术的境地，所谓"道进乎技"。通过庄子的"道""技"观念，我们能充分理解楚漆家具的造物观念，一件精美的楚漆家具只有巧妙的结构和精湛的工艺是远远不够的，它还要拥有超于这些技艺之外的艺术审美和文化思想。

猪形盒与丰富的原材料

下图是一件 2000 年湖北荆州天星观 2 号墓出土的漆木彩绘猪形酒具盒，现存于湖北省荆州博物馆，战国时期家具，呈长椭圆形，由盖、身两部分组成。两

▲漆木彩绘猪形酒具盒

端制成猪头状，憨态可掬，角上盘，耳后立，头部有 4 个铜环捉手，方便拿放和捆绑。漆盒下部雕有踞伏状的四足，栩栩如生。整件器物通体髹黑漆，上面用红色和黄色彩绘卷云纹和涡纹。

彩绘猪形酒具盒出土时内有耳杯，既美观又实用，是楚人出去旅游时所用的器物。双头猪在神话中是居于巫咸国的一种神兽——"并封"的形象。

《山海经》中有这样的描述：

> 并封在巫咸东，其状如彘（zhì），前后皆有首，黑。

意思是说，在巫咸国的东面有一种叫并封的动物，它的形状与猪相似，前面和后面各有一个脑袋，周身都是黑色的。

一件日常的盛放物品的器物被塑造成一个神兽的形象，这是楚人尚巫的一种体现，但是在我们现代人看来，这件器物中的神兽憨态可掬，让人觉得非常亲切。

楚人拥有十分丰富的想象力。为什么会出现这种情况呢？其中一个重要的原因就是当时的楚国地处"云梦泽"，拥有大量的珍禽异兽和花草树木，这样的自然地理环境不仅丰富了楚人的视听感受，同时也激发了他们的创造灵感和创作热情，为楚人的造物制器提供了灵感来源和素材依据。

《墨子》中有一段描述楚国的物产的话：

> 荆有云梦，犀兕（sì）麋鹿满之，江汉之鱼鳖鼋鼍（yuán tuó）为天下富……

意思是说，楚国有云梦泽，里面有成群的犀牛、麋鹿，长江、汉水里的鱼、鳖、鼋和鳄鱼多得天下无比。

楚国富饶的物产在当时颇为闻名。

有文献记载了楚成王时期的一件事，春秋时期，晋献公听信谗言，杀了太子申生，又派人捉拿申生的弟弟重耳。重耳闻讯，逃出了晋国，在外流亡十几年。经过千辛万苦，重耳来到楚国。楚成王认为重耳日后必大有作为，就以国君之礼相迎，待他如上宾。一天，楚成王设宴招待重耳，两人饮酒叙话，气氛十分融洽。忽然，楚成王问重耳："你若有一天回晋国当上国君，该怎么报答我呢？"重耳略一思索说："美女待从、珍宝丝绸，大王您有的是；珍禽羽毛，象牙兽皮，更是楚地的盛产，晋国哪有什么珍奇物品献给大王呢？"楚王说："公子过谦了。话虽然这么说，可总该对我有所表示吧？"重耳笑着回答道："要是托您的福，果真能回国当政的话，我愿与贵国交好。假如有一天，晋楚之间发生战争，我一定命令军队后退九十里。"四年后，重耳真的回到晋国当了国君，就是历史上有名的晋文公。晋国在他的治理下日益强大。公元前 633 年，楚国和晋国的军队在作战时相遇。晋文公为了实现他许下的诺言，下令军队后退九十里，驻扎在城濮。楚军见晋军后退，以为对方害怕了，马上追击。晋军利用楚军骄傲轻敌的弱点，集中兵力，大破楚军，取得了城濮之战的胜利。这就是成语"退避三舍"的由来。从这段话中我们可以看出楚地物产丰富，尽人皆知。

楚地位于我国东南部，鼎盛时横跨河南、安徽、江西、浙江、江苏等省份，政治、经济核心集中在今天的湖南、湖北一带，拥有丰富的水网资源，植被丰茂，适宜各种木材资源的生长，这就为楚国漆木家具的生产制作提供了坚实的物质基础。

要想制作一件优秀的漆木家具，首先是胎料的制作。春秋战国时期的楚漆家具基本是以木胎为主，楚地丰富的林木资源为漆木家具的制作提供了大量的原材料。

《史记》中记载：

竟泽陵，楚之材也。

意思是说，楚地的竟泽陵是出木材的地方。

《墨子》中记载：

荆有长松文梓楩楠豫章。

意思是说，楚国有高大的松树、梓树、楩树、楠树和樟树。

除了拥有大量适合制作胎料的木材之外，楚地还拥有十分丰富的漆树资源。

《史记》中有记载：

> 陈夏千亩漆。

意思是说，陈和夏有很多漆树。"陈"与"夏"都在楚国境内。由此可见，楚地早在春秋之前就有漆树的种植，漆树在楚国是一种十分常见的树种。中国的漆树分布主要在陕西、四川、贵州、云南、甘肃、湖北，而其中尤以陕西和湖北的产量最为丰富。在春秋战国时期，楚人主要生活在亚热带地区，气温适中，年平均降水量约为1200毫米，优越的地理条件为野生漆树和人工栽培漆树提供了最佳环境，为楚漆家具的辉煌创造了十分有利的条件。

除了木材、大漆资源之外，制作优良的漆木家具最重要的就是工具了，具体说就是铁器。铁器在春秋、战国时期的使用情况是有很大差异的，其中相比较来说最发达的地区就是楚国，在春秋中晚期属于楚国的六安市霍邱县拥有华东地区最大的铁矿。

《史记》中有这样的记载：

> 宛之钜（jù）铁施，钻如蜂虿。

意思是说，宛城制造的大铁矛，在刺杀的时候锋利如蜂虿之尾。从这句话中可以看出楚国制造的铁矛的威力。

在《史记》中还记载了这样一个故事，公元前256年，秦昭襄王曾对应侯说："我听说楚国的铁剑十分锋利，士兵非常英勇，楚王和大臣们深谋远虑，我们一定要多加防备，他们一定还是想消灭我们啊。"秦昭襄王与应侯的这段对话，已经距秦楚在长平之战四年有余，秦国国力已经恢复，且有一批猛将。然而秦昭襄王仍对楚国有所顾忌，其中一个重要原因就是楚国在铁器铸造上相比于其他诸

▲ 楚剑

▲ 湖北荆门折叠木床（一）

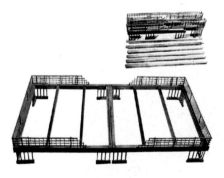

▲ 湖北荆门折叠木床（二）

侯国而言处于领先地位，尤其是铁制兵器数量多且铸造精良。由此推断，楚国的铁质木工工具当时也比其他国家要发达很多。

目前出土的文物也证实了我们这一推断，在战国时期的楚墓中出土了大量铁制工具，如斧、锥、凿、钻、刀等，如益阳楚墓中出土铁器达126件。铁器在当时被广泛地运用到生产工具中，大幅度提高了漆木家具的精度，包括可以对家具的胎体进行更加精细的加工，也提高了纹样的精细程度。

所以我们现在看到的很多精美的楚漆家具就是在这种天时和地利的各种因素作用之下诞生的，利用优越的地理条件和丰厚的自然资源，让其毫无悬念地超越了同时代其他国家的家具，成为一颗在家具历史星空中闪烁璀璨的明星。

折叠床与实用主义设计思想

左中、下图是一件湖北荆门包山2号墓出土的折叠木床，现藏于湖北省博物馆，这款折叠床由床身、床栏和床屉三部分组成，造型现代，构思精巧，由尺寸和结构完全相同的两半拼合而成。床身是由纵横交错的方木板构成的长方体框架，床栏是用竹、木条做成的方格围绕四周一圈，中间留有一个一人左右的空当。从这个细节可以推断，楚国漆床通常放置于室内的中央，以方便人们可以从左右边下床。床足为六只，令人惊奇的是，这一基本床型与我们现代的西式床具没有太大的差异。更令人惊奇的是，这竟然是一款折叠床，而且拆卸、折叠和撑开都很方便，折叠后所占空间很小，方便携带，适合外出使用。两千多年前的楚人能有如此造物观念，实在是让人惊叹。

在《诗经》中就有床的记载：

乃生男子，载寝之床。

意思是说，若是生下男孩，就将产妇和孩子放置在大床上安睡。

相较于席，稍稍抬高后的床隔离了冰冷的地面，避免人们席地而卧时容易着凉感冒，且长时间可能引发脊椎疼痛，或因湿气太重而患风湿的这些弊端。矮足床的发现证实楚人对自身认知的进步，并尝试通过设计改善生活，最开始使用床的是一些楚国的贵族。这件折叠床是楚漆家具实用主义造型思想的典范。

早在先秦时期，荀子就提出"重己役物，致用利人"的传统造物思想，也就是说物为人所用，所以人是物的主人，人是主体，物是客体，提倡将人作为造物的出发点，结合生活需求制造器物。"格物致用"的实用思想一直贯穿中国传统造物历史，是古代造物的根本指导原则。同样，在楚漆家具中我们也可以看到这一传统造物思想的影响。和祭、礼类漆木家具有着繁复绚丽的装饰不同，生活类漆木家具在制作时一般都不追求过分的繁复装饰，而是追求器物的实用与美观的平衡。

《韩非子》说过：

虽有乎千金之玉卮，至贵而无当，漏不可盛水。

意思是说，一个酒杯价值千金，但若是它漏了不能盛酒，也就失去了基本的功能，就没有了使用价值。可见，春秋战国时期的人们已经意识到功能性对于器物的重要性。

《墨子》里有这样一段话：

> 故食必常饱，然后求美；衣必常暖，然后求丽；居必常安，然后求乐。

意思是说，饮食必须常常吃饱，然后才能进一步去要求精美；衣服必须常常穿暖，然后才能进一步去要求华丽；起居必须常常安宁，然后才能进一步去要求欢乐。

先秦时期社会的物质生产资料并不是特别充足，人们制造器物时首先要考虑的是具备一定的功能，否则这类器物很难在社会上被广泛接受。

在《韩非子》里记载了这样一个故事，墨子花了三年时间，用木头制作了一只木鸢，就是风筝，我们现在的风筝都是纸或者布做的，但是中国最早的风筝是用木材做的。墨子做的这只木鸢只飞了一天就坏了，虽然如此，墨子弟子却对墨子十分敬佩，赞叹不已："先生的手艺真巧，竟然能让一只木鸢飞起来！"然而，墨子听了之后，不但没有喜形于色，反而说："我这雕虫小技可比不上造车人的手艺高超啊！造车工匠们用细小的木头，不费一天工夫，就可以造出能承载三十石重量的车，走很远的路，而且可以用很多年，而我现在所做的这只木鸢，花了三年时间做成，对人们而言也没有什么太大的实用价值，而且才飞了一天时间就坏了，这有什么可值得赞叹的呢？"

可见，先秦时期的人们非常重视器物的实用价值，从我们现在出土的楚漆家具中，也可以看出实用性是楚人设计制作家具时要考虑的最重要的一方面。如荆门出土的战国云龙纹酒具盒就采用了厚重的木胎剜制而成，之所以使用这种厚重的木胎，就是为了有效地缓冲撞击力度，保护盒内的酒具不因搬运时的颠簸碰撞或跌落而损坏，在一定程度上起到"保险箱"的作用，前面我们提到过湖北荆州天星观出土的猪形酒具盒，盒盖上的四个小铜环是为了方便拿放和捆绑，这些细节都将楚人的实用主义造物观展现得淋漓尽致，铜环虽小，但却使楚人的生活更为便利。

总体而言，楚漆家具秉承着"平实便利、实用质朴"的造物原则，楚人在进行家具造型设计时不是单纯地从美观角度出发，而是在很大程度上考虑了家具的使用、储存和搬运等不同状态，结合家具的使用需求进行规划，从楚漆家具中透露出一种相对质朴的工艺美感与淡然的生活情趣。工匠们在家具实用性上投入的匠心，使得楚漆家具实现了实用与美观的一种平衡。

楚漆家具是春秋战国时期漆木家具的杰出代表，当我们今天站在这些家具面前时，除了慨叹楚人精美绝伦的艺术构图，天马行空的想象力，精湛的雕刻和髹漆技艺，我们还能做什么呢？

在2000多年前由楚人所创造的这些兼具功能性和艺术性的家具精品，穿过岁月的沧桑，在现代依旧散发出耀眼的光芒。

楚漆家具之所以能够在中国家具史中占有重要的一席之地，主要原因有以下四个方面：

第一，天时。楚地独特的湿润温热的气候特别适合制作和保存漆木家具。

第二，地利。楚地丰富的铁矿资源使得铁器被广泛使用，这就为制作精美的漆木家具提供了优良的木工工具。

第三，材美。楚地丰富的木材资源和漆木资源为漆木家具的制作提供了重要的物质基础。

第四，工巧。楚国重视有技艺的工匠，并且辩证地提出了"道器并举"的设计理念。

楚漆家具让我们领略了春秋战国时期楚人奇幻的审美和工匠们高超的技艺，楚文化的影响并没有随着楚国的灭亡而消失，事实上我们也经常会把楚汉家具放在一起来谈论。那么，汉代的家具有什么不同于楚漆家具的特点呢？除了出土的文物我们还能在什么地方了解汉代家具的形制呢？汉代流行的厚葬之风给汉代家具的研究带来哪些意想不到的好处呢？敬请关注下一章的讲解。

第七章　画中乾坤

1959年冬天，山东省安丘县（今山东省安丘市）利用冬闲时节组织全县数十万名民工，在县城东侧修筑水库。当时县政府文教科负责文物保护的郑其敏也参与了这一工作，因为从1958年第一次全国文物普查资料上看，正在建设的牟山水库库区内至少有4座较大的古墓葬，但是具体的位置并没有确定，所以县政府就派郑其敏在修筑水库之前先进行墓葬的勘探工作。

　　郑其敏的老家在凌河人民公社郑家河村，他对牟山周围的情况比较熟悉，他走村串户，深入调查，终于找到了有价值的线索。董家庄村的一位老农民向他们反映，村北约100米处原有一座古坟，后来被推平种了庄稼，但那地方种的庄稼特别不耐旱，下雨的时候水渗得特别快。郑其敏将村民指点的大体范围向县领导做了汇报，并在省文管处两位工作人员的指导下，组织民工刨开冻土打孔探查。经过考古钻探，功夫不负有心人，在地表以下约1米深处，人们发现了巨大的石板，也就是墓葬室顶的盖石，并由此推断出了墓道的方位。民工们继续挖掘清理后，果然很快找到了砖砌的拱形墓道，当人们把填土挖出后，两扇巨大的石门赫然显露在眼前。

　　这就是安丘董家庄汉画像石墓，是一座规格很高的画像石墓。它有前、中、后3个墓室，总长14米，宽约8米，高近3米，全部用预制石材构筑。虽然早期被盗，随葬品寥寥无几，但是大量精美的画像石却保存完好。画像内容有奇禽异兽、神话传说、社会生活和历史故事等，雕刻技法高超，所刻人物、动物栩栩如生。我们后面讲到的有屏大床的形象就来源于这座汉画像石墓。

　　在西汉中后期，经济持续发展，儒家思想倡导的"孝道"和道家思想的"升仙思想"使得厚葬之风极盛。厚葬除了要有大量的随葬品和繁复的丧葬礼仪之外，一件很重要的事情就是建造巨大而豪华的墓室，而且要在墓室内绘制精美的壁画，或者用雕刻得栩栩如生的画像石和画像砖来装饰墓室，这些绘画的内容涉及当时社会的各个方面，如生产劳动、游猎出行、宴饮歌舞和日常起居等。

从这些反映当时人们生活和生产的画面中，可以看到这一时期家具与陈设的面貌，当时的家具种类包括席、几、案、榻、床、屏风、衣架、箱柜等，这些家具与先秦时期的家具相比更加实用，但是也兼有一些礼仪的功能，是中国古代低矮型家具的鼎盛时期。

汉代以前，人们居住的房屋一般都比较低矮狭小，席是最早的坐卧用具，但是席地坐卧最大的缺点就是潮湿的地面对人体的伤害，到了汉代中期，随着建筑水平的提高，室内空间日益增大，榫卯结构也日渐成熟，为了改善人们的生活质量，床、榻、枰等坐卧用具应运而生，它们不但成为室内主要家具陈设，而且成为人们日常生活的重要组成部分。

我们先来讲讲床榻。

榻

1952 年 3 月，考古人员在河北省望都县所药村发现了望都 1 号汉墓壁画，下页上图是壁画的局部，画的是"主簿坐在枰上"，下页下图是一张线描图。

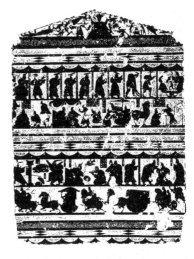

▲ 汉画像石（一）

▲ 汉画像石（二）

▲ 汉画像石（三）

▲ 望都1号汉墓壁画（局部）

▲ 望都1号汉墓壁画的人物线描图

东汉张揖的《埤苍》中有这样一句话：

枰，榻也，谓独坐板床也。

意思是说，枰，是一种榻，适合一个人坐的板床。

这座汉墓是东汉晚期大型砖室壁画墓，墓主为东汉宦官浮阳侯孙程。墓内绘有精美的壁画，是汉墓壁画中艺术水平较高的作品。

"坐在枰上的主簿"这幅画绘在墓室的北壁，主簿是东汉时期的一种文职，设在各级主官属下，是掌管文书的佐吏。主簿是长官的亲信，权势颇重，所以可以独自坐在枰上面，手持文书，枰形体较矮，大小仅可容纳一人，在两足之间挖出对称牙板，牙板与床足一木连做。

我们刚才说了枰是独坐榻，也是一种独坐的床，那么床、榻、枰之间有什么区别呢？从大小来说，床比榻大，榻比枰大，床可睡可卧，榻主要是坐，但是将就着也能卧，枰就只能是坐了。

关于床、榻、枰的尺寸，东汉末期服虔编撰的《通俗文》说：

床三尺五曰榻，板独坐曰枰，八尺曰床。

意思是说，长度为三尺五的叫榻，适合一人独坐的叫枰，长度为八尺的叫床。我们换算一下，汉朝时期的一尺是现在的21—23厘米，八尺就是170—190厘米，我们现在标准的床长是192厘米，汉代的床要稍短一些，但是考虑到当时人们的身高也比我们当代人要稍矮一些，所以这个长度睡眠之用是非常合适的，榻换算过来是74—83厘米，不到一米，按这样推算，枰应该是50厘米左右的一个方形榻。

从出现的早晚来看，先有床，后有榻，床可以追溯到商周时期，甚至更早，榻到战国时期才开始出现。床属于必需品，榻和枰属于非必需品，普通人家只有席和床，坐和卧都在席上或床上，而贵族和富有人家除了席、床以外，还有一种专供坐的家具——榻或者枰。

我们先来讲讲榻和枰。

榻和枰都属于坐具，但是榻有长短之分，长者可坐多人，短者可坐一二人；枰，呈方形，其上只能坐一人，所坐之人一般比较尊贵。榻和枰是专门的坐具，坐卧两用分开，这标志着中国古代家具发展史上的重大改革。

刘熙在《释名》中说：

> 长狭而卑者曰榻，言其体榻然近地也。小者曰独坐，主人无二，独所坐也。

意思是说，又窄又长，而且比较低的是榻，因为它离地面比较近，小型的适合一个人独坐，一般是专门为主人准备的。

我们知道有个词叫作下榻，是一个外交词汇，哪位外国的领导人来访，住在北京饭店，我们就说他在北京饭店下榻，那么为什么叫下榻呢？这里有一个故事：

东汉时，南昌太守叫陈蕃，他为人正直，对有才能的人非常重视。当时南昌有个人叫徐稺（zhì），家里虽清贫，但他从不羡慕富贵，由于他品德好，有学问，所以很有名望，地方上也多次向官府举荐他。尽管这样，徐稺仍安于清苦的生活，官府召他任职，他也总是推辞。陈蕃听说徐稺的情况后，十分重视，诚恳地请他相见，听取他的意见。徐稺来时，陈蕃热情相待，并在家里专门为徐稺设了一张榻。徐稺一来，他就把榻放下来，让徐稺留宿，以便彻夜长谈。徐稺一走，这张榻就悬挂起来，表示了陈蕃对徐穉的特殊尊重。这就是"下榻"这个词的由来。这个榻可以挂起来说明它是比较小的。

榻与床的区别还在于床是用于睡眠之物，是俗物。而榻往往是社交或文人雅聚的坐具，是雅物。床只可藏在卧室之中，而榻却可横陈在厅堂之上与书斋之中，榻的用途很多：唐明皇卧榻吹箫，维摩诘坐榻论道，高士榻上品茶对弈。

东汉皇甫谧（mì）编撰的《高士传》里记录了这样一个故事：

汉末时有个人叫管宁，就是我们前面讲过的管宁割席中的管宁。汉末天下大乱，他为躲避战乱来到辽，在当地讲经论典，后来返乡归隐，从此不问世事。无论在辽还是后来隐居在乡里，他都经常跪坐在一张木榻之上，历时50余年，从不会箕踞而坐，箕踞的意思是腿向前伸直坐着，像簸箕一样，古人认为箕踞而坐是很没有礼貌的举止，管宁这样一直跪坐，榻都被膝盖跪得磨穿了，古人称此为"坐穿木榻"。"坐穿木榻"这个故事表达的是人的一种定性，像管宁一样心如止水，不随世间功名利禄而沉浮，不奔走于权贵之门。

所以自汉末以来，文人雅士和隐士们都必备一榻，来表明自己的清高、淡泊名利，所以我们在中国古代绘画上，经常可以看到文人与官吏坐在榻上，显得十分悠闲自在。

总的来说，榻的精神意义要高于它的实用价值，这也是汉代家具的"礼仪功能"的一种体现。与榻相比，床则更加注重实用性。

床

下页图这块画像石位于山东省安丘市董家庄汉画像石墓内，1959年修建牟山水库时被发现。这是一座大型的汉画像石墓，我们在这一章的开头给大家讲了这座石墓的发现过程，该墓的主人应是东汉晚期青州刺史安丘人孙嵩。在这一块安丘画像石上绘制了一个带有二围屏风的大床，床体较榻略高，足间雕出曲线形牙板，一人坐在床上，身前放置着一个凭几，一手持扇，身后屏风的左侧，安装着一个武器架子，架上放着刀剑等器物。

我们讲楚漆家具的时候，讲过一个可以折叠的六腿漆木床，实际上我国使用床的历史很早，可以追溯到商周时期，传说中关于床的历史还要更早。

在《孟子》中有这样的记载：

> 象往入舜宫，舜在床琴。

这里的舜是传说中父系氏族社会后期部落联盟的领袖，象是舜的弟弟。这段话的意思是说，象走进舜的寝宫，舜在床上弹琴。也就是说，在原始社会就出现了床的雏形。

▲ 安丘汉画像石壁画（局部）及其白描图

这些传说也不是完全没有依据，据考古发现，在仰韶文化半坡遗址中，发现房屋内建有高出室内地面的土台。这种土台，应该是人们坐卧的地方，就使用功能而言，这种土台就是床的雏形。

到了春秋战国时期，以床榻为中心的生活方式逐渐取代了以席为中心的起居习俗，床榻成为日常生活中非常重要的家具，在我国先秦典籍中关于床的记载很多。

《战国策》里说：

> 孟尝君出行五国，至楚，献象牙床。

意思是说，孟尝君出巡五国，到达楚国时，楚王要送给他一张用象牙制成的床。

对于床的定义可以在《说文》里找到：

> 床，安身之坐也。

意思是说，床是能让身体安稳的坐具。

《释名》里说：

> 人所坐卧曰床。

意思是说，能够供人坐和卧的是床。

从上面两个关于床的定义里可以得出这样的结论，这时的床，包括两个含义，既是卧具，又是坐具，沿用了古老"席"的特征。可卧的床，当然也可以用于坐。

在汉代，从晚上睡眠的这个角度来看，床是比榻规格更高的家具。在《风俗通义》里有这样一个故事：

在南阳有两个人，一个叫张伯大，另一个叫邓子敬。邓子敬比张伯大小三岁，他像对待自己的哥哥那样毕恭毕敬地对待张伯大。晚上张伯大睡在床上，邓子敬就睡在小榻上，行为语言恭敬谨慎，每天早上都一定要给哥哥请安问候。

从这个故事我们可以看出，榻有点像我们现在的沙发，要说坐的功能，床上也可以坐，但是有沙发则更讲究一些，可是如果是晚上睡觉的话，沙发就不如床了。

到了汉代，床在人们心目中的地位和作用变得越来越重要，很多时候人们的生活起居都转移到床上，床上会施帐，床及帐就成为室内装饰的重点，也有的会在床周围设置屏风，就像我们前文讲到的那个安丘画像中的大床。在床的侧面和后面装有两扇屏风，称为有屏床，而且还有一个有趣的现象就是人们会在屏风上挂物品，比如安丘画像中的床就在屏风上面挂有一些兵器，这种现象在汉魏之际比较常见。曾经有这样一个故事：

六朝时有一个人叫王琨，为人非常疑心和吝啬。为了防止别人偷拿自己家的东西，在他的家里，各种调料和蔬菜等都挂在屏风上面，酒浆都放在床下，无论是家里还是外面的人想要这些东西，王琨都要亲自拿给对方，生怕别人拿多了。所以屏风除了装饰和挡风的作用之外，在汉魏之际还有一个可以挂物的功能。

在汉代，床榻的功能开始分化，一个主要负责卧，另一个主要负责坐。这是家具发展史上的进步，家具的功能逐渐单一化，是社会进步的标志。

几

下图是一件在宿县（安徽省宿州市）褚（chǔ）兰画像石中描绘的折叠式凭几，这一画像石位于1956年发现的安徽省宿县褚兰镇西南的一座东汉晚期的墓葬内，墓主人为胡元壬（rén），是当地的一个富豪。

在画中，一人跪坐在地上，身前有一个凭几，此人上身倚靠在几上，一手执扇，值得关注的是，这是一件折叠式凭几。折叠家具，我们前面讲过战国楚墓荆门包山2号墓出土的现在所知最早、最完美的折叠床。这幅画像石上描绘的折叠式凭几虽然比较稚拙，但依旧可见几的结构特点。折叠技术的使用可以使家具形态发生重大变化，也使家具变得适合放置与携带，虽然更细微的结构和力学处理无法知晓，但是通过图片我们猜测，该几应该是以中间横木为轴心折叠来调节它的高低，那么这件几就不仅是一件折叠家具，还是一件可调家具。

▲ 宿州褚兰画像石的折叠式凭几

几和案是汉代画像中十分常见的家具，它们有什么区别呢？我们先来说说几的种类，从功能来分类，几包括庋物几与凭几两种。

《释名》里有这样的解释：

几，庋也，所以庋物也。

意思是说，几是用来放置物品的架子。"庋"是藏的意思。

《字汇》里有这样一句话：

> 几，古人凭坐者。

意思是说，几是古代人坐时倚靠的家具。

我们可以简单地说，庋物几与案从功能上来说基本没有区别，但是凭几与案则完全不同。

庋物几主要用于放置物品，与我们现在的茶几功能类似。在汉代出现一种以前从未出现过的新型庋物几——双层高几，它的下层是弯曲栅形足，上层是直足，两层几面上都可以放置物品。几被做成双层后，放置的东西增多，高度增加，形式上的变化增大，无疑是对传统几的丰富，如此灵活组合也显示出汉代人突破常规的创造性。现今的几不少也被设计成双层式的，和古代的双层几相比，虽然从外形来看差异很大，但就其基本功能而言却是极其相似的，都是源于功能的需要。

几发展到汉代，发生了一个重大的变化，就是弯曲栅形腿的出现，不仅呈弯曲状，而且是多条并排如栅栏一样，我们称为栅形足，案也有类似的一个造型。弯曲的腿形使得整个几显得更加灵动和柔和，栅形足与四条腿相比，不仅更加具有一种韵律感，而且增加了虚实空间的对比，这种腿形我们在后世的桌案类家具中也经常可以看到。

几中非常重要的一种类型就是凭几，我们在前面讲过西周有一个官职，叫作司几筵，专门负责在大型礼仪场合给不同的人分配不同的几和席。在汉代，凭几非常流行，在"罢黜百家，独尊儒术"的思想体系之下，其礼仪功能被强化，凭几和屏风一道成为君主权力的象征。

汉代邹阳的《酒赋》中有这样一句话：

> 君王凭玉几，倚玉屏，举手一劳，四座之士皆若哺梁焉。

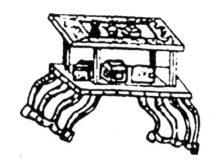

▲ 栅形足、双层几

意思是说，君王前面放置着玉几，后面放置着玉屏风，一举手，周围的大臣们都恭恭敬敬，小心翼翼。

这里的"凭"和"倚"，并非真正的倚靠，而只是一种身份地位的代表，"用"在其次，"设"是首要的。实际上在周代礼仪中，就已经出现了这种"设而不用"的思想。

《左传》中论述圣明的君主时，是这样说的：

> 设几而不倚，爵盈而不饮……礼之至也。

意思是说，设置几但是并不倚靠在上面，酒杯满了但是并不喝，这是一种礼仪。

"凭玉几"和"倚玉屏"便树立了一位统御四方的君主的形象，而在这一形象之中历史的真实已经被符号的意义所取代了。

另外，在汉代还出现了"几杖之礼"和"几杖之坐"，指的是为了征求有德行和有才干的人参与政事，待之以"几杖之礼"，就是赠送几杖来表示重用；设置"几杖之坐"，就是在朝堂上设置专门的座位来表达一种诚意。

《后汉书》中记载了这样一个故事：

东汉时期有一个隐士，名字叫申屠蟠，他学问很高，大将军何进几次请他担任官职，申屠蟠都没有答应，但是何进不死心，坚持一定要把申屠蟠请到。有一次，何进亲自写了一封信派申屠蟠的同乡黄忠送去。信中说：您如此有才干，不为国家效力是多么令人惋惜的一件事情。如您肯来我这里，我一定对先生特加殊礼，而且会为您设置"几杖之坐"。虽然何进如此诚恳，可是申屠蟠仍旧没有答应。"几杖之坐"中的几就是一种象征，表达的是对被赐者的尊重。

庋物几与凭几不仅形制差异很大，功能上也完全不同，前者注重的是实用性，后者注重的是精神上的表达。我们从中可以看出汉代社会在不断提升生活质量的同时，也非常重视礼仪，这也是汉代尊崇儒家思想在家具上的一种物化。

案

下图是来自四川省彭山市画像砖上的叠案。彭山市在汉代是蜀郡所辖的繁县属地，与郡治——成都相邻。境内有两个汉代人的集中埋葬地，一个叫南方院，另一个叫北方院，都在今天彭山市义和乡。中华人民共和国成立前后，这两个地方时常出土汉画像砖等文物。

我们来看这个叠案，一共有 12 个矩形案叠放在一起，更奇特的是最高一层案上竟有一女子双手支于案边倒立，姿势非常优美。这一画像的初始目的可能是炫耀死者对于身怀绝技舞女的占有，然而却是间接反映了当时制案者的工艺技能，因为要使各个案整齐如一，叠放后层层相依而如同一个整体，没有娴熟的木作技能是无法实现的。这似乎也可看

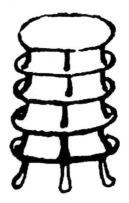

▲叠案

出早期人们对待家具工艺上的批量化、模数化和统一化原则的一种不经意把握，当然这种把握是典型的手工业时代的产物。

西汉时，有个民间艺术表演节目叫"安息五案"，最开始是在叠放的五个案上做倒立这样的杂技表演，如辽阳棒台子屯壁画中叠放的五层圆形案，到东汉时5层案已经变成了最多高达12层。这个杂技节目来源于安息国，汉武帝派张骞出使西域的时候，张骞曾派副使到达安息国，安息五案节目大概在这时候传入我国。安息国就是帕提亚帝国，位于罗马帝国与汉朝中国之间的丝绸之路上，汉代时是著名的商贸中心。

从这个画像砖我们可以看到汉代富贵人家的生活。

《汉书》里面是这样记载贵族们的生活的：五侯（指公、侯、伯、子、男五等诸侯）兄弟们生活都非常奢侈，四面八方的人们纷纷前去向他们奉送珍宝，贿赂他们，他们家中的姬妾有几十人，奴仆成百上千人，钟、磬罗列，吃饱喝足了就欣赏美女起舞，倡优表演，狗马奔跑。这种叠案是贵族们奢侈生活的一种产物。

汉代的案与先秦时期相比种类更加丰富，按照腿足形式可以分为三种：短足案、高足案和站式用案。我们看上文那两组叠案除了形状不同之外，腿足的形式也略有不同，左图的案就属于短足案，这类案的足部高度一般仅有1—2厘米；右图的就属于高足案，足部高度在8—10厘米。

我们先说说短足案，汉代的短足案类似我们现在的托盘，在案周边有沿，《后汉书》中记载了"举案齐眉"这一典故，这里面的案应该就是短足案。

《史记》里也记载：

汉七年，高祖过赵，赵王张敖自持案进食，礼恭甚，高祖箕踞骂之。

意思是说，汉七年时，汉高祖刘邦路过赵这个地方，赵王张敖亲自端着食盘进献食物，非常有礼貌，刘邦却很傲慢地坐着骂他。张敖举的就是这种小型短足食案。

而高足案的突出特点是案下有明显的足，足部形态不同，包括兽足、细腰足、柱足和栅形足，案面则以长方形和圆形最流行，除主要用于饮食外也常放置物品，所以在使用方式和造型上与庋物几非常相似。

在汉代，还有一种特殊形式的案——站式用案。汉代画像砖里出现了一种非常常见的图像——庖厨图，庖厨图主要表现的是人们为祭祀祖先准备祭食的画面，它是墓主人对家族兴旺、期盼社会稳定的一种心态的反映，也是汉代厚葬的一种体现，具有一定的祭祀意义。庖厨图是汉代人们对于"鬼犹求食"的观念通过图像进行的一种形象的叙述，鬼犹求食就是说人虽然死去，但是也会像我们活着的人一样需要吃饭，需要正常的生活。

在《后汉书》里记载了"义仆李善"的故事：李善，是东汉时期南阳人，他是当地一个大户人家李元家的仆人。建武年间疫病流行，李元家里人相继病死，只有李续生存下来，李元家非常有钱，奴婢们私下商量，想把李续也杀了，好分了这些财产。李善可怜李续，但无力制止这些奴婢们的行为，于是暗地抱着李续逃跑了，隐藏在山阳瑕丘界中，亲自把李续养大。他的善举感动了当地的官员，官员们纷纷上疏向皇帝举荐李善，汉光武帝下诏，授给李善太子舍人的官职，他在去就职的路上，经过原来的主人李元的坟墓，在一里之外，就脱去朝服，拿着锄头锄草。到了墓地跟前，下跪拜见，哭泣不已，然后亲手做饭，把做好的食物放在鼎和俎上面，祭祀李元，还流着泪说："老爷，李善来了。"待了几天之后才走。所以在汉代大户人家的墓地旁边还会建造有厨房，就是为了制作祭祀时使用的食物。

▲ 打虎亭汉墓画像石

左面这张图画来自郑州新密市打虎亭村的1号汉墓，在其墓室内的画像石上展示的是一组高度类似于今天桌子的高足案，案上陈放了不少饼子一类的食品。这一组高足案的奇特之处在于案面有长短之分，还可与案腿分离，并在由各腿组成的框架上挪动以便陈放食品，案腿之间的窄端有木枨相连增加了稳定性。就其实际功能来说它已具备了后世高桌的特点，甚至在具体的使用功能上还超出了后世高桌。不过当时垂足高坐之风并未盛行，而且也并无高椅、高凳与之相配，因此此组高足案实际上就是当时厨房里一种方便操作的台面。

汉代的案内容形式都很丰富，兼具实用、娱乐和祭祀功能。从这些案的形象当中，我们似乎可以看到汉代社会整体来说富足安定、歌舞升平的景象。

汉代是中国历史上第一个盛世，是低矮型家具发展的鼎盛时期，由于经济发达，人民比较富裕，以及对儒家思想的崇尚，表现在家具上有以下几个特点：

一、强调实用性。汉代家具的实用性明显比前代增强，比如双层几的出现，可以放置更多的物品；比如有屏床的出现，不仅可以挡风、装饰，还可以挂上一些日常使用的物品。

二、具有精神性。除了实用性，汉代家具也非常注重精神表达，比如榻代表一种不慕名利的士人精神，比如凭几代表一种权力和地位。

三、追求创新性。汉代家具创新意识极强，比如折叠几的出现，使得家具不仅便携而且高度可调；比如双层几的出现，简单的一个组合就形成了一个全新的家具形式。

这一章介绍的汉代墓室壁画和画像石、画像砖中的床榻和几案形象，让我们看到了汉代家具与前代家具相比，不仅种类和形象更加丰富，而且兼具物质性和精神性。那么从汉代画像石、画像砖中还能看到哪些家具类型呢？这些家具又能揭示汉代人什么样的不为人知的精神世界呢？这些画像中的家具与真实之间是否存在一些差异呢？下章继续介绍。

第八章

画中意蕴

在金石界及汉画像爱好者中，流传着这样一句话："全国汉画看山东，山东汉画看嘉祥。"位于嘉祥县境内的武氏墓群石刻，是东汉末年武氏家族墓地上的一组石构装饰建筑，形成于公元147—189年。武氏墓群石刻内容丰富，取材广泛，是汉代石刻画像艺术鼎盛时期最有代表性的作品。我国有很多文化名人都与嘉祥武氏祠汉画像石结下过渊源，其中就包括中国考古学家、社会活动家郭沫若。

1957年3月，时任中国科学院院长的郭沫若第一次前往山东嘉祥武氏祠考察。当年交通还很不方便，郭沫若先坐火车从北京来到济宁，从济宁到县城没有汽车，只能坐马车。当时的陪同人员是嘉祥县文教局文物管理干部——朱锡禄，他后来回忆说，郭沫若到了县城招待所之后，简单洗漱了一下就要求赶紧带他去武氏祠，两个人继续坐上马车。当马车行至县城南洙水河汉石桥的时候，郭沫若便下了车，只见他卷起裤腿，脱下鞋，和朱锡禄一起赤脚蹚水到桥下查看。当看到筑桥的石料竟有大量的汉代画像石时，郭沫若惊呆了，他连声自语道："汉石桥，汉石桥，原来尽是汉画像石啊！太可惜了！太可惜了！"等来到距县城15千米，位于武翟山脚下的武氏祠后，郭沫若就迫不及待地走了进去，在每一块石头前都仔细地看了好长时间，一边记录，一边不时地发出赞叹。

1959年11月初，郭沫若偕同夫人和孩子再次来到嘉祥武氏祠。这时，武氏祠已派专人进行看管，这一次，郭沫若看得更加认真，更加仔细。回到济宁后，郭沫若诚恳地向有关负责同志提出了加强武氏祠保护和管理的建议。

我们在这一章里讲到的一个小座屏就来自武氏祠。郭沫若先生是我国文物研究的奠基人，他对于汉代画像艺术的研究和重视，说明汉代画像是研究中国古代

▲ 武氏墓群石刻

文化的重要载体，我们研究汉代家具绝不能忽视这些散落在全国各地的精美画像。这些画像石、画像砖和壁画不仅为我们勾勒出了汉代家具的大致风貌，也向我们揭示了汉代人丰富的精神世界，这一章我们继续讲汉代画像中的家具。

箱、柜和橱

▲ 柜子

左图这件柜子的图像来自位于山东省临沂市沂南县的画像石墓，这座石墓是新中国成立后第一座经科学发掘的画像石墓，年代为东汉晚期。此沂南画像石墓有画像石42块，共计画像73幅。

我们来看一下这件柜子，从画面上看，柜体为长方体，体形比较小，很方正，四直足，腿足与椅子的框架连成一个整体，正、侧面足上中间有连枨。正面连枨与上、下枋之间用枋木连接，顶部用两根枋木一分为三，中间应该是柜门。从图像上看，这件柜比例协调匀称，已有后世框架柜的雏形。这种柜子的造型直到唐代，也没有太大的改变。

汉代是箱、柜、橱等储物类家具逐步走向繁荣的时期，随着竹木和髹漆工艺的飞速发展，这一时期的储物类家具不仅在使用材料、加工技巧和装饰工艺等各方面不断改进，而且在造型上也形成了雅致和新颖的时代风格。

箱、柜、橱各有不同，我们先来说说箱和柜。

我们现在说的箱和柜的差异在于，箱是从上面取放物品，柜是从前面取放物品，古时候却有所不同。在古代，箱和柜都是从上面取放物品，而只有橱是从前面取放物品，而且它们所存放的物品，甚至放置的位置都各有不同。

《左传》里是这样描述箱这种家具的：

> 箱，大车之箱也。

意思是说，箱是大车里面存放东西的一种器物。

到了春秋战国和秦汉时期，箱多用于存储衣被，所以常被称为巾箱或衣箱，我们讲楚漆家具的时候讲过一个"树木射鸟图"衣箱。

那么柜是什么呢？古代的柜与箱从外观上看类似，只是存放的物品不同，柜是用来储藏贵重物品的。

在《史记》里记载了这样一个故事：刘邦在秦末战乱中扫平群雄，身边有一帮出生入死帮助他打天下的功臣，可以说王朝是他与功臣们一起创建的。汉初，刘邦为了巩固政权，对那些曾经帮助他登上帝位的元勋，特赐"丹书铁券"以作褒奖。"丹书铁券"是古代帝王颁授给功臣、重臣的一种特权信物，又称"丹书铁契"，也就是民间故事中所说的"免死金牌"。"丹书铁券"用朱砂将内容写在

▲ 丹书铁券

铁板上，为了取信和防止假冒，将铁板从中剖开，朝廷和大臣各存一半，朝廷的这一半装进用黄金制成的小柜子里面。刘邦的这种做法是为了巩固刘氏江山，他的这种做法被后世统治者所沿用，只不过并不是保管免死金牌，而是用来保管重要的机密档案。

无论是免死金牌还是机密档案，都是贵重的物品，与普通的衣服被子不同，需要放在柜子里面，所以柜代表着某种精神上的含义。

另外，汉代的柜以形体小巧者比较多见，如徐浩的《古绩考》里有这样一句话：

> 武延秀得帝赐二王真迹，会客举柜令看。

意思是说，唐朝武延秀得到唐中宗赐予的二王的书法真迹，会见客人的时候，他举着装有二王书法的柜子给大家观看。既然柜子能够被举起来，说明体量比较小。

在古代文献中，还能看到另外两种储存物品的家具——匣和椟，它们和柜没有太大的区别，也是用来存放比较贵重物品的家具，只是在大小上有一些不同。

南宋时期戴侗的著作《六书故》中是这样区分的：

> 今通以藏器之大者为柜，次为匣，小为椟。

意思是说，按尺寸分，大一点儿的是柜子，小一点儿的是匣，再小一点儿的就是椟。

在《论语》里记载了这样一个故事：鲁国的季孙氏将要讨伐颛臾，冉有、季路拜见孔子说："季孙氏要对颛臾用兵。"孔子说："冉有！这件事情恐怕应该责备你们吧。先王曾把颛臾的国君当作主管东蒙山祭祀的人，而且它地处鲁国境内，是鲁国的藩属国，为什么要讨伐它呢？"冉有说："季孙要这么干，我们两个做臣下的都不愿意，但是我们也没有什么办法啊。"孔子说："冉有！周任有句话说：'能施展才能就担任那个职位，不能胜任就该辞去。'"紧接着，孔子说了一句至今广为流传的话："虎兕出于柙，龟玉毁于椟中，是谁之过与？"意思是说，老虎和犀牛从笼子里跑出，占卜用的龟甲和祭祀用的玉器在匣子里被毁坏，这是谁的过错呢？孔子实际上是在指责冉有、季路没有行使好自己的职责。

▲ 橱

从这个故事我们知道，龟甲和玉器在古代不仅非常贵重，而且具有一定的象征意义，所以要用椟来盛放。

在汉代，还有一种储物类家具——橱。橱与柜和箱不同，一般形体高大，外观上就像一座精致的小房子，一般在前面开门，可供储藏衣被、书籍、食品等物品。辽宁辽阳棒台子屯东汉墓壁画上绘有一橱，橱顶为出檐起脊的四面坡式，正面开门，橱下有四条粗壮的腿，一女子正开门取物，我们可以看见橱内放了一个大壶。这一橱的形象的前身应该是用来存储粮食类物品的干栏式仓楼，这种仓楼模型在汉魏时期十分流行，现在西南少数民族地区仍常见有类似的仓楼形式。

在《论衡》里记载了这样一个故事：

燕太子丹在秦国当人质，没有办法回国。当太子丹向秦王请求归国的时候，秦王说："除非天上像下雨一样落下粟米、马生出犄角、乌鸦白了头、挂在橱门上的木雕的人像长出脚，你才有可能回国。"这实际上就是拒绝了太子丹的请求。太子丹听了只好仰天长叹。可是谁也没有想到，第二天从牢房外突然飞来一只白头乌鸦，秦王没有办法，只好遣送太子丹回国。

在橱门上挂这种装饰用的木雕人像，这种习

俗应该是来源于西周时期的青铜器——甗，它的正面设有两扇门，在门上会铸造出守门的刖（yuè）者，古代有一种刖刑，指砍去受罚者的左脚、右脚或双脚，刖者就是指被砍去双脚的人，所以会有这一句："厨门木象生肉足"——挂在橱门上的木雕的人像长出脚。

汉代的箱、柜和橱各司其职，这些家具种类有的一直保留到现在，有的在历史的发展演变过程中慢慢消失，但是它们都曾经为汉代人的生活带来了便利，从这些储物类家具中，我们发现汉代家具已经呈现一种非常精细的分工，为后代家具的发展打下了坚实的基础。

屏风的起源与汉画屏风

下面是一幅来自 1987 年发现的西安理工大学西汉壁画墓 1 号墓的壁画，在这座墓室的西壁上描绘着我们要讲的屏风，这座墓的年代被定为西汉晚期。此屏风

▲ 西汉壁画屏风

的图像描绘的应是宴会的场景，在屏风前面所描绘的几乎都是女性人物。画像中屏风所设之处构成了这幅画的视觉中心。这件屏风设置在床榻后面，有两扇，一扇较长，另一扇较短，属于二围式的床屏，可以清晰地看见屏风四周有框架，屏心应该绘有图画，但是已经非常模糊。从屏风的陈设中可以看到画面中不同女性的身份等级，屏风所处之位即是尊位，只有那些身份地位高的女性才拥有使用屏风的权利。

屏风起源很早，可以追溯到西周时期，但是其最初的名字并不叫"屏风"，而是被称为"邸"，就是宅邸的邸，也被称为"依"或"扆"。

在《周礼》中有这样一句话：

> 王大旅上帝，则张毡案，设皇邸。

所谓"王大旅上帝"就是天子祭天的意思。这句话的意思就是说，天子祭天的时候，在皇帝的座位上放置毡子做的席，前面设置木案，后面设置用五彩羽毛作装饰的屏风。

皇邸的形态非常简单，就是一块直板，这是屏风最为原始的形态，这种屏风只在祭祀中出现，具有某种象征意义。古代还有一种屏风叫"依"，与皇邸不同，它的使用范围比较广，不仅在祭祀仪式中出现，也有可能在其他场合出现。

在《周礼》中有这样一段话：

> 凡大朝觐、大飨、射，凡封国、命诸侯，王位设黼依……

黼，即斧纹；依，即屏风。黼依，也叫斧依，指绣有斧形花纹的屏风，如右图。这句话的意思是，凡是大朝觐、大飨礼、大射礼，凡是分封立国、策命诸侯，在王位后面都要设置

▲ 黼依

黼依。

黼依是天子的专属物品，屏风放置的位置就是王位，天子背靠斧纹屏风，面朝南。黼依一般以木为框，糊以绛帛，上画斧纹，为什么要在屏风上面描绘斧纹呢？因为黼纹是天子十二章纹中的一种，象征做事果断，常设于标志天子的专属物之上，就是为了彰显天子的威严。皇邸和黼依都是天子的专用家具，其他人使用就是僭越，这一礼制一直延续到春秋时期。

屏风开始走出皇宫进入民间，是从战国时期开始的。到了汉代，屏风的使用开始变得更加普遍，几乎富豪之家都使用屏风，凡厅堂居室必设屏风，在汉画中也常常可以看到各种屏风。

刘熙在《释名》里是这样对屏风进行定义的：

> 屏风，言可以屏障风也。

意思是说，屏风就是可以挡风的一种家具。

汉作屏风一般采用木板制成，或以木框为骨架、丝织品作为屏面，然后用石、陶或金属等其他材料做柱基，屏面上一般都会装饰以各种彩绘，或镶嵌不同题材的图画。帝王贵族们使用的屏风用材尤其珍贵，做工精细，画面丰富多彩，瑰丽夺目。

在《太平广记》里有这样的记载：汉成帝当政的时期，赵飞燕刚被封为皇后的时候，她的妹妹为了表示祝贺，送给姐姐三十五件贺礼，全都是一些装饰精美的奢侈品。在这些贺礼中就有两件屏风，一件是云母材质，另一件是琉璃材质。单从两件屏风的材质来看，就已经非常珍贵，这也是为了彰显赵飞燕身为皇后的身份。汉代贵族的屏风制作豪华，是权贵和富有的象征，是追求享乐、装饰门面的高档奢侈品。

所以《盐铁论》中说：

> 一杯用百人之力，一屏风就万人之功，其为害亦多矣。

这句话中"杯"就是用大漆涂饰的酒杯，意思是做一个漆杯子，要用一百多人的气力，而制作一件屏风，就要花费一万个人的功夫，这些都是祸害。这里要抨击的是汉代贵族们这种穷奢极欲的生活。我们从中可以看出汉代的屏风制作已经达到了一个多么精细的程度。

屏风在汉代从皇家走向民间，越来越受到人们的喜爱，这首先是因为它非常实用，可以作为室内的装饰，其次它还可以挡风。我国古代建筑大都是土木结构的院落形式，不像我们今天的钢筋水泥房屋那么严密。在房间里，床榻前面放置一个屏风，就可以挡风。另外，它还是一个可以移动的精巧的隔断，起到分隔空间的作用。最后，它还有一个非常重要的功能——遮蔽。

《史记》里有这样一个故事，战国时期齐国有个著名的"战国四公子"之一的孟尝君，他名气很大，很多人都来投奔他。他拥有三千多名门客，对于这些来投奔他的人，只要有时间，孟尝君都会亲自接待。他与来人会谈的时候，在屏风背后往往会藏着一位书记员，来记录他们的言谈。孟尝君与来客聊天拉家常，会详细询问来人来自哪里、住在哪里、擅长什么、有什么亲戚朋友、有什么困难、有什么心愿……屏风后的书记员会把这一切都详细地记录下来。往往等来客回家的时候，就会发现，家中缺粮的，孟尝君的使者已经给放下了两大袋粮食；缺钱的，放下的就是银两；得罪了人的，发现对方已经等在家中，求着与他和解了；与人有血仇的，过几天，他就能听到仇人被杀的消息……什么事都没有的，孟尝君的使者也会上门表示慰问，并有礼品相赠。来投奔的人被感动得无以复加，对孟尝君就更加忠心耿耿，这也是孟尝君笼络门客的一种手段。在这个过程中，屏风就起到了一个很大的作用。

屏风在汉代除了实用价值之外，还具有一定的教育意义，汉代的屏风上面经常会绘制一些对屏前主人进行劝诫和起到警示作用的先贤故事。

西汉的刘向写了一本《烈女传》，里面记述了110名妇女的故事。这些故事就是教导大家福祸相依的道理，希望人们能够宠辱不惊，正确对待得与失。匠人把这些故事分门别类地画在四扇屏风之上，希望能够警示世人。

汉代的家具已经开始重视超越使用功能之外的精神价值，这种特点基本在每一类家具中都能看到，实际上这也成为中国古代家具的重要文化价值。

汉画中屏风的种类

下图这幅画来自洛阳市朱村东汉壁画墓。1991年，洛阳市公安局在打击盗墓活动中，在市东北郊朱村发现了这座壁画墓，这座墓当时已经遭到了盗掘，随葬品基本已经被盗挖一空，只有墓壁上的壁画保存较完整。

在墓室北壁西部绘制了一幅"夫妇宴饮图"，墓室的男女主人坐在一个上有帷帐的坐榻上面，男主人居右，女主人居左，后面绘制了一个三围的榻屏。在东汉晚期，屏风已经在贵族阶层普及，在这些封建贵族的生活场景之中，屏风构成了一个个尊位，屏风围绕的地方是仆人们无法逾越的。

从功能形式来分类，汉代的屏风可以分为三种：第一种是附属于床榻的围屏；第二种是用于室内隔断的挡屏；第三种是设置在座位后面的、彰显使用者尊贵地

▲ 朱村东汉壁画墓中的壁画

位的座屏。

我们先来说第一种附属于床榻的围屏，在前面讲床榻的时候讲过了，这种围屏有两围的，也有三围的，它不属于一个独立的家具，我们现在看到的罗汉床后面的围板实际上就是由这种屏风进化而来的。

在《汉书》里有这样一个故事：陈万年是朝中的重臣，他特别喜欢阿谀奉承，有一次他病了，把儿子陈咸叫到床前，告诫他做人的道理，一直讲到半夜，陈咸困得直打瞌睡，头碰到了屏风。陈万年很生气，要拿棍子打他，训斥说："我作为你的父亲教你，你却打瞌睡，你为什么不听我的话？"陈咸赶忙跪下叩头道歉说："您说的意思我都知道，主要就是教我如何奉承拍马屁。"陈万年听了，感到非常愧疚，于是不再说话。这个让陈贤碰头的屏风，我们推测应该就是附属于床榻上面的围屏。

第二种屏风是用于室内分隔的挡屏，也被称为隔屏，在汉代也比较多见，这种挡屏可以有效地改变室内空间布局，增强每个空间的相对独立性。我们现在去饭店的时候，在两个包间之间有时会用屏风来进行分隔，其始祖应该就是这种挡屏。这是一种非常灵活方便地进行空间分隔的方式，这种屏风一般体量都比较大。

▲ 打虎亭 1 号汉墓的屏风

位于河南郑州新密市的东汉时期古墓，以前称为密县打虎亭1号汉墓，该墓室壁画中就描绘了贵妇活动的场所和宴饮的场面，都以隔屏做严格封闭，隔屏上描绘有纹样，增强了进餐环境的雅致和尊贵，从上页图中可以看到，体量非常大，可以想象当时屏风造型是多么宏伟。

在汉代，还有一种屏风也十分流行，是一种独扇的板屏，由屏板和屏座两部分组成。其不仅有屏蔽、挡风功能，而且还起着突出中心地位的作用。我们称之为座屏，或者插屏。实际上座屏早在战国时期就已比较常见，我们前面讲过的湖北楚墓出土的漆木小座屏，虽然尺寸小，并不具备遮蔽功能，但其拥有底座的直板样式与汉代的座屏属于同一种类型。座屏常设于人物座位后立为屏障，借以显示其高贵的身份，其始祖就是周天子御座后所设的"黼依"。

左侧这幅画像就来自山东武氏祠，我们在本章的开头讲过武氏祠，郭沫若先生两次亲自考察而且给予了非常高的评价。我们来看这张画像中的座屏，它的体量较小，只到坐者的肩部位置，我们从绘画中可以看到一位身着华丽服饰的妇女正坐在矮榻上照镜子，在妇女身后的座屏的屏面上画有钩连纹图案，坐榻四周也有类似的S纹，这类小画屏与马王堆汉墓所出土的"画屏"形象相似，我们在后面的章节中会给大家详细讲述马王堆出土的汉代家具，所以我们推测这种座屏在汉代已经比较普遍了。

在《宋大事记讲义》里记载了这样一个故

持镜人物

▲ 山东武氏祠座屏画像

事：宋朝赵普任宰相时，在座屏后面放置了两个大缸，凡是有人送上建议国家进行改革的奏折，大都被扔入缸中，等装满一缸后就在通道上把所有的文书烧掉。赵普认为当时国家的各种制度已经比较完善，如果轻率地采纳各方的建议，一一推行改革，就会伤害人民的利益，动摇国家的根基，所以就把这类奏折都烧了。这里就提到了座屏，设置在赵普座位的后面，我们可以想象出当时的画面，这些奏章被赵普随手一扔，刚好就扔进了放在身后的座屏后面的大缸里。

▲ 宋丞相赵普

屏风给汉代人的生活带来了各种便利，同时，屏风在汉代也被人格化，成了君子的象征。

东汉李尤写了一首《屏风铭》：

舍则潜辟，
用则设张，
立必端直，
处必廉方，
雍阏（yōng yān）风邪，
雾露是抗，
奉上蔽下，
无失其常。

翻译过来是这样的：不用的时候潜藏回避，使用的时候陈设张立，放置在某个地方一定端直方正，有棱有角，用途在于阻塞凉风邪气，抵御雾气露水，侍奉堂上，遮蔽堂下，始终如一。这说的简直就不是一件家具，而是一位廉洁正直的君子。

在汉代，屏风和使用者互相成就，互相欣赏，这是中国的文人雅士赋予屏风的一种超越家具之外的品格，是一种精神上的互相陪伴和理解。这也是中国古代家具的独特之处，它所体现的往往超越了家具本身，渗透到国家政治、伦理道德和人们的精神世界。

帷帐

我们再来看下面这幅来自洛阳市朱村东汉墓的壁画。除了屏风之外，这幅画中还描绘了一个帷帐，呈长方形，四角有立柱，四周有垂下来的织物。我们可以看到这些织物的颜色是紫色，浅蓝色的圆钩形图案作为点缀装饰其上，织物的下部呈弧形，十分优雅华丽。座榻、屏风和帷帐构成了一个豪华的就座空间，凸显了使用者的身份和尊贵的地位。

我们讲一讲这个帷帐。

▲ 宴饮百戏图

"帷帐"在我国古代的使用可以追溯到西周时期。

根据《周礼》的记载：

> 幕人掌帷、幕、幄、帟（yì）、绶之事。

意思是说，在西周时期设有一个官职——幕人，专门负责管理帷帐、帷幄等家具的使用，也就是说，按照不同人的身份和地位来分派不同尺寸和形式的帷帐。同席和几一样，在西周时期，帷帐也要完全按照礼仪和身份来使用。

在先秦时期，帷帐主要是应用在户外，用来作为临时性的建筑，无论是祭祀、丧事活动，还是娱乐性的田猎活动，或是军事活动，都需要张设帷帐。到了汉代，帷帐开始进入室内。

《释名》中是这样解释帷帐的：

> 帷，围也……帐，张也，张施于床上也。

这句话中，帷指的是围起来，帐指的是张开，帷帐就是设置在床上的四角张开的一种围合起来的家具。它有几个要素：立柱，顶盖和软性的织物，这也就是后世架子床的前身，只不过此时帷帐是独立于床榻的。秦汉时期，帷帐首先被用在天子以及诸侯等所属的宫室和寝殿，随着经济的不断发展，开始逐渐出现在贵族以及商贾等大宅第中，但是在寻常百姓之家很难出现这种装饰性的家具。

汉代的帷帐根据功能、作用与装饰效果的不同分为不同的种类，主要包括武帐、斗帐和绛帐。

在《前汉书》里有这样的记载：

> 太后被珠襦，盛服坐武帐中，侍御数百人皆持兵……

意思是说，皇太后身穿珍珠短袄，盛妆坐在武帐中，几百名侍卫都拿着武器。这里提到的武帐是一种张设在殿堂上的帐，一般是皇帝、皇太后这样具有尊

▲ 西汉名臣汲黯

贵身份的人才能使用的帷帐。

在《汉书汲黯传》中记载了这样一件事：汲黯是西汉名臣，汉武帝时期因为政绩突出，被召为主爵都尉，列于九卿。汲黯为人耿直，喜欢给皇帝提治国安邦的策略，汉武帝刘彻称其为"社稷之臣"，对他非常尊重。有一次，汉武帝正坐在武帐之中，汲黯前来奏事，汉武帝当时没戴帽子，远远望见汲黯，急忙躲入后帐，派人传话，批准汲黯所奏之事。汉武帝觉得没戴帽子就召见汲黯是一种蔑视和无礼的表现，可见汉武帝对待汲黯非常尊重，待之以礼。从这个故事当中，我们也能看出武帐体量较大，可以用家具将其分隔为前帐和后帐，当主人不想见客的时候，就可以躲到后帐里面。武帐是帷帐中等级比较高的一种。

在汉代长篇叙事诗《孔雀东南飞》中有这样一句：

红罗复斗帐，四角垂香囊。

意思是说，红色罗纱做的双层斗帐，四角挂着香袋。

这里面提到的斗帐是一种小型的帷帐，形状如覆斗，这是一种上窄下宽的帷帐，在其中放置卧床，与现代的蚊帐很相似，具有挡风防尘和避虫保暖的作用。在当时，这是富裕的人家常使用的一种帷帐。我们在这一节开始时介绍的洛阳市朱村东汉壁画墓的壁画中描绘的方帐也与斗帐类似，只是形体更大一些。

除了武帐和斗帐之外，还有一种帷帐——绛帐。这种帷帐的等级低于武帐，可以用在殿堂之上，也可以用在舞台上面，汉代盛行表演百戏，在表演百戏之时张设的这种帷帐就是绛帐，它的一大特点就是颜色鲜艳。

在《后汉书·马融传》中有这样一段描写：东汉大儒马融在讲课之时，会把闹市中的高堂大殿作为讲堂，坐在鲜艳华丽的绛帐之中，一边欣赏女乐手们的丝竹演奏，一边给弟子们授课，仪表从容，侃侃而谈。

因为马融讲学的这个故事，"绛帐"一词成了对师门的一种尊称。

李商隐就曾经写过这样一句诗：

    绛帐恩如昨，乌衣事莫寻。

这里面的绛帐代表崔戎，因为他对李商隐有知遇之恩，所以诗的第一句"绛帐恩如昨"表达的就是崔戎和自己之间的师徒情谊。

帷帐在汉代的广泛使用使得织物在家具中的地位变得越来越重要，同时，我们也看到，从汉代开始，家具作为室内陈设中重要的一部分除了起到供人们坐、卧、储存物品等功能，也成为室内空间划分的重要道具。

汉代画像石、画像砖和壁画中描绘的家具丰富多彩，从中我们可以总结出汉代家具的两个特点：

一、种类丰富，功能齐全。汉代家具仍然属于低矮型家具，但是种类已经相当丰富，比如专门放置衣服、被子的是箱，放置日用品和餐具等的是橱，放置贵重的小物品的是柜、椟和匣。

二、物质精神，两者兼顾。汉代家具不仅重视实用功能，也非常重视精神功能，体现使用者的身份和超脱的精神境界。以屏风和帷帐为例，它们不仅可以挡风保暖和分隔空间，使用屏风和帷帐的人非富即贵，这是身份和地位的象征，而且屏风还被人格化，成了君子的象征，督促和提醒使用者谨言慎行，修身立命。

汉代画像中的家具已经如此精彩，那么在汉代是否有保存到现在的出土的家具文物呢？这些文物与画像中的家具有什么不同呢？这些出土的家具文物又给我们带来了哪些惊喜呢？我们将在下一章介绍。

第九章

大汉奢华

1971 年年底，湖南省军区 366 医院根据上级指示，决定在马王堆的两个小山坡上建造地下医院。战士们在马王堆土包下挖掘了十几天，当挖到地面以下 20 多米的时候，地下出现了赭红中夹杂着白点的花斑土，越往深处挖越坚硬。负责施工的战士们赶紧向医院汇报，院务处长听到汇报之后来到施工现场，并钻进洞中打着手电筒四处检查。面对坚硬的土层，处长下令停止挖掘，让两名士兵用钢钎向下打眼钻探。士兵拿起钢钎对准花斑土"叮叮当当"地钻了约半个小时，就在钢钎最后一次从花斑土中抽出时，钻孔里突然"哧"的一声冒出一股气体。就在同一时刻，院务处长斜倚在洞壁上，划着了一根火柴准备点烟，令他万万没想到的是，含在嘴上的那根香烟尚未点着，火种却与从钻孔里冒出的气体遭遇，随着"砰"的一声响，一团火球在洞中爆响并燃烧起来。院务处长愣了片刻，本能地说了句："大事不好，快跑！"大家赶紧跑到洞外。

　　这一突发事件让大家惊恐不已，于是赶紧向团部汇报。团部首长听完汇报之后，忙派人将工兵团最富有经验的一个工程师找来询问。这名老军人听完介绍，思索了一会儿说："早些时候我

▲ 马王堆发掘现场

听说那里有古墓，是不是遇上了墓葬？"为了证实这个推断，在团长和政委的陪同下，老工程师亲自乘车来到马王堆进行实地勘查。当他从洞穴中走出来时，对陪同的人说："赶紧向上级汇报吧，这是一座古墓，很可能宝贝都还在，了不得啦！"这就是震惊海内外的马王堆古墓。

马王堆位于长沙市东郊浏阳河西岸，距离长沙市中心约 4 千米，现在隶属于长沙市芙蓉区马王堆乡。这里地势平坦，曾是西汉初期长沙国的属地，马王堆汉墓共出土了三座墓葬，其中 2 号墓埋葬的是长沙国丞相——利仓，1 号墓埋葬着利仓的妻子辛追，3 号墓埋葬的是利仓之子。

利仓早年跟随汉高祖刘邦征战四方，汉惠帝二年（公元前 193 年）以长沙国丞相身份被封为轪侯。在汉初，诸侯王的丞相是王国官僚机构中的最高级长官。

《史记》中说：

> 轪国，汉惠帝二年四月庚子封长沙相利仓为侯，七百户。

意思是说，汉惠帝二年四月将长沙国的丞相利仓封为轪国这个地方的侯，享受七百户人家缴纳税赋。

利仓虽然仅仅管理着七百户，但这七百户的租税只是他收入的很小一部分，他大部分的收入来自私田税赋和经营工商业。从马王堆汉墓出土的文物看，墓主人衣着华丽，器物极其精美，我们可以推测轪侯是富甲一方的贵族，他和其家属的生活极其奢华，家中一定是奴婢成群。

马王堆汉墓所出土的家具使人们有幸一睹两千多年前汉初中国古典家具的风采。这些漆木家具保存完整，工艺精湛，数量众多，品类齐全，代表着汉初漆木家具工艺发展的最高水平。这一章，我们就从马王堆汉墓中选取几件代表性的家具来加以论述。

凭几与隐几

下图中的器物是马王堆3号墓出土的龙纹活动漆几，结构新颖。该几是从先秦矮足几演化而来的。几面扁平，长90.5厘米、宽15.8厘米。该几配有一高一矮两套足。高足高约40厘米，适合跪立扶持，也就是踞，多用于比较正式的礼仪、公共场合；矮足高约16.5厘米，高度适用于"隐几而卧"，多用于家内闲居或批阅文牍等，比较随意和闲适。

这种可高可低的凭几形式在战国时期尚未发现，应该是西汉初期凭几发展的一种新形式。人在跪立时，身体高度比较高，而盘腿坐或者说半坐半卧时身体高度明显降低。这种可根据人的使用要求随时调整高度的家具极为人性化，非常符合人体工程学。

在汉代已经开始考虑不同姿势对于家具的不同需求，我们前面讲过一个可以调节高度的折叠几，马王堆汉墓里的这个凭几是这种设计思想向前迈进的一个重要体现。

16厘米左右的高度，人使用时是一个什么样的状态呢？一定是闲适的、放松的、惬意的，是坐，是卧，还是半坐半卧，所以我们前面说了这种矮足几适合"隐几而卧"。

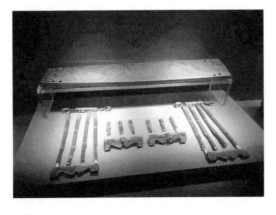

▲漆几

这里就出了一个词——隐几。隐几与凭几，从造型上来看差不多，唯一的差别可能是隐几的高度稍微低一些，但是其在思想史和文化史中却有着完全不同的意义。我们前面讲过凭几，它是身份、地位的象征，代表着皇权的威严，代表着被重视和尊崇，而隐几却不同。

在《孟子》里记载了这样一个故事：公元前318年，孟子来到齐国。当时齐国是齐宣王在位，齐宣王很敬重孟子，把其奉为上宾，以高规格礼遇接待。但齐宣王对于孟子推行的"仁政"一直没有施行，他想成为像齐桓公和晋文公那样的霸主，而对于仁政不感兴趣。孟子在齐国待了一段时间后，自知无法说服齐宣王施行仁政，于是准备离开齐国。齐王派了一个人来挽留孟子，孟子也不理睬他。原文是这样说的：

坐而言，不应，隐几而卧。

意思是说，挽留他的人坐在那里劝说孟子，孟子也不回答他，靠在隐几上半坐半卧。这里使用隐几表达的是孟子想要"隐退"的心情，是拒绝，士人的傲骨，也表达了不被君王重用的失望的心情。

"隐几"还出现在《庄子》之中：南郭子綦是楚昭王的庶弟，住在城郭的南端，因而得名。有一天，"南郭子綦，隐几而坐，仰天而嘘"。意思是说，南郭子綦靠着隐几坐在那里，仰首向天缓缓地吐着气，似睡似醒，好像精神离开了躯体。他的学生颜成子游站在他跟前，问他："您这是怎么啦？形体可以像干枯的树木，精神和思想难道也可以使它像死灰那样吗？您今天凭几而坐，跟往昔凭几而坐的情景不太一样啊。"子綦回答道："你这个问题问得很好，今天我忘掉了我自己。"用俗话说，就是丢了魂，换句话说就是他达到了一个忘我的状态。这是古代的士人所追求的一种精神上的最高境界。在这个追求的过程中，隐几起到了一个很大的辅助作用，当他仰天长叹，沉浸于自然忘我的境界中时，其身体也应当是一种半卧的自适姿态。没有隐几他也就不能仰天，不能达到这种半梦半醒的神游状态。

隐几是汉代文人的挚爱，它代表的是一种超俗的境界，不愿与权贵同流合污的气节，也代表着一种从容不迫的气度。

在《后汉书》中记载了这样一个故事：

孔融是东汉末年的名士、文学家，孔子的二十世孙。我们小时候都学习过"孔融让梨"的故事，孔融少有异才，勤奋好学，汉献帝时期任北海国相，时称

"孔北海"，政绩突出。建安元年，也就是196年，袁绍长子——袁谭攻打北海，双方的战斗从春天一直持续到夏天，最后孔融带领的战士仅剩数百人，攻城的箭像下雨一样射来，守军与敌军短兵相接，战斗十分惨烈。

孔融此时怎样呢？原文是这样的：

> 融隐几读书，谈笑自若。

孔融仍凭案读书，若无其事地谈笑风生，一副气定神闲的模样。

孔融隐几读书的时候，是真的镇定还是故作镇定，我们不得而知，但是隐几在营造这种气定神闲、胜券在握的氛围中起到了重要的作用。虽然最后孔融战败，仓皇逃跑，但是孔融扶着隐几读书的场面仍然定格在历史之中。

隐几在汉代是士人阶层必备的家具，除了其实用价值，更重要的是精神上的表达。到了魏晋南北朝时期，隐几的形态和材料都有所改变，但其所代表的士人气度却如出一辙。

从马王堆出土的这一套高低几，我们可以一窥汉代贵族高雅的精神生活，几和案都属于支承类家具。讲完几，我们再来看看马王堆汉墓里出土的案，看看汉代贵族过着怎样奢华的物质生活。

食案与分餐制

右页上图是马王堆1号汉墓出土的彩绘食案，长76.5厘米，宽46.5厘米，高5厘米。这种案在造型上与长方形盘比较接近，形体低矮稳重，斫木胎，四周起沿，平底，底部四角有2厘米的L形矮足。案内髹红、黑漆底各二组，黑漆底上绘由红色和灰绿色组成的云纹，红漆底上无纹饰。该案采用多重矩形条带进行分隔，每重矩形条带的宽度各不相同，图案、色彩相互搭配，内外壁绘以勾云纹和几何纹样。出土时案上还置有小漆盘五件，漆耳杯一件，漆卮两件，盘上有竹串一件、竹箸一双，此案的案底朱书"轪侯家"三字。

这件漆案比先秦时期的漆案更加精致实用，主要用于陈举进食，案面轻巧平整便于放置食物，四周起拦水线可防止食物汤水外溢，器具低矮适于古人"席地而坐"进食。这种轻便的小型食案在汉代墓葬中出土很多，起类似托盘的作用。

▲ 彩绘食案

从汉代起，传统的一日两餐制开始向一日三餐制转变，时称"三食"。第一顿饭为早餐，称"寒具"；第二顿饭是午饭，称"中饭"或"过中"；第三顿饭则为晚餐，叫"晡食"。从这套漆案食器中，我们了解到，当时上层贵族的宴会是实行分餐制的，即每一位宾客都享有这样一套饮食器具，各自品尝着自己的饮食，互不干扰，这和现代中国普遍实行的合餐制有很大的区别。

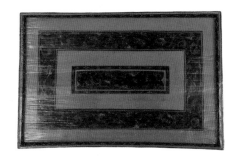

▲ 云纹漆案

中国人采用分餐制的进食方式拥有悠久的历史，考古学家们在距今约4500年以前的山西襄汾陶寺遗址就发现了一些用于饮食的木案，说明当时就已经出现了分餐制。有文献记载的分餐制是从西周开始的，当时的等级制度森严，不同人使用不同的饮食器具，这种礼制要求人们必须分餐，不仅分餐，而且每个人在宴饮时的座位也有严格的规定。

据《礼记》记载：

> 席：小卿次上卿，大夫次小卿，士、庶子以次就位于下。

意思是说，在举行燕礼时席位的安排是这样

的：小卿的席位在宾席之西，次于上卿；大夫的席位在小卿之西，又次于小卿；士与庶子在堂上没有席位，在阶下依次站立。

到了春秋战国时期，人们仍旧采用分餐制。

在《史记》里记载了这样一个故事："战国四公子"之一的孟尝君门下食客有数千人。有一次，他招待宾客吃晚饭，有一个宾客背着火光在黑影里吃，另外一个宾客看到了，十分恼火，他认为孟尝君给大家安排的饭食是不同的，区别对待，放下碗筷就要辞别而去。孟尝君看到了马上站起来，亲自端着自己的饭食给他看，原来孟尝君的饭和他的饭是一样的，那个宾客觉得非常惭愧，就割颈自杀了。

孟尝君礼贤下士，不把门客分成三六九等，一律同等对待，这是超越了当时阶级地位的一种做法，所以才会招致门客的怀疑。春秋战国时期，即使像孟尝君这样在饮食上可以做到一视同仁，但是在位次上却仍然必须遵守礼制上的严格的规定。

广为人知的《鸿门宴》一文，里面有这样一段话：

> 项王、项伯东向坐，亚父南向坐。亚父者，范增也。沛公北向坐，张良西向侍。

意思是说，项羽和项伯面向东坐；亚父面向南坐，亚父就是范增；沛公，就是刘邦，面向北坐；张良面向西站立。古时排座位跟当时的房屋结构有关：房屋客厅的大门一般在东面，面对大门的位置最尊贵，就是项羽和项伯的位置；而靠近大门的位置——就是张良的位置最低下；范增地位仅次于项羽，他的座位是在客厅的北面；剩下的最后一个座位就留给宾客——刘邦。

到了魏晋南北朝时期，草原游牧民族带来了用餐家具的改变，方凳、胡床、椅子逐渐取代了席子，人们也从跪坐改成垂足坐，这为未来的合食奠定了基础。唐代，高足坐具已经十分流行，敦煌的唐代壁画中就有很多在高桌、高椅上进食的景象。

同时，在唐代也有少数人开始围桌而坐进餐，但仍然是分餐。多人围绕在"食床"边，同桌不同器，只有饼类或者羹汤使用同一个器皿，叫作会食，这是一种从分餐到共食的过渡状态。中国人坐在椅子上围着桌子共进美食这一景象，出现时间不早于北宋。这是因为在宋代，茶楼酒肆、瓦舍勾栏等公共饮食空间出现，促使饮食文化走向商业，现代意义上的共食方式才真正形成。

从分餐到共食，是人们生活方式的巨大改变，同时也是与人们用餐相关联的家具的巨大改变。在漫长的历史发展演变中，从马王堆汉墓中低矮的食案到我们现在使用的餐桌、餐椅，这不仅表明生活方式的变化会导致家具的不断演变，同时也证明新家具的出现会引领人们产生新的生活方式。

这一套马王堆汉墓出土的彩绘食案最令人惊异的就是保存得相当完整，完全不像已经在地下埋了2000多年，除了这一套食案，马王堆汉墓里还有一件家具令人印象十分深刻，它就是一件屏风，屏风是汉代贵族的必备家具。

▲ 屏风正面

屏风与龙纹

右图马王堆1号墓出土的云龙纹漆屏风，长五尺，高三尺，此屏虽系明器，但做工一丝不苟，斫木胎，长方形，屏板下有一对足座加以承托。屏板正面红漆地，绘有一条巨龙穿梭在云层里，龙首上长着两只长耳，龙身绿色，朱绘鳞爪，作飞腾状。形体粗犷，色彩强烈，线条自然流畅，边框饰朱色菱形图案。屏板背面用朱地彩绘几何方连纹，以浅绿色油彩绘，中心部分绘有谷纹璧。

▲ 屏风背面

这件屏风上绘制的龙穿行在云间，给人留下了深刻的印象。我们在前面讲商周时期家具的时候，讲过夔龙纹，大家应该还记得，一足、一角，我们看这个屏风上的龙纹，则更接近我们心目中的龙纹，有头、颈、身体、四肢和尾巴，体态劲健雄强，四肢健壮有力，富有动态美感，展示出遒劲的曲线美和内蕴的张力。

龙作为华夏民族共同的图腾和中华儿女共同的文化符号，早已内化到中华民族的血液之中，是经过集体智慧凝结和磨砺的精神文化产物。

《说文解字》中说：

> 龙，鳞虫之长，能幽能明，能细能巨，能短能长。春分而升天，秋分而潜渊。

意思是说，龙是有鳞动物的首领。能去暗处，能在明处；能变小，能变大；能变短，能变长。春分的时候会在天上飞舞，秋分的时候就会潜到水底去。这种龙可以千变万化，上天入海，体现了最初人们对于龙的认识——神秘性和灵性。

虽然汉代并不是龙纹的首创时代，但汉代确实是爱龙甚深的时代。尽管在上古时代，曾传说建立夏朝的启的爷爷鲧和他的父亲禹也为龙种。然而大禹家族被神化为龙族，显然不是为了标榜其家族血统的高贵，而是广大百姓为了表达对治水英雄的崇拜，在口口相传中形成。自汉代开始，才真正开始称帝王为真龙天子。

在汉代，龙纹代表着一种尊贵，只有皇帝和贵族才能使用这种纹样。

在此屏风中使用龙纹，除了要表达墓主人尊贵的身份，还因为龙具有另外一个重要的作用——它是人升仙的载体和工具。

《史记》中有这样一段话：

> 黄帝采首山铜，铸鼎于荆山下。鼎既成，有龙垂胡髯下迎黄帝。黄帝上骑，群臣后宫从上者七十余人，龙乃上去。余小臣不得上，乃悉持龙髯。

意思是说，黄帝开采了首山上的铜，到荆山下去铸鼎。鼎做好之后，有条龙垂下它的胡须伏在地上迎接黄帝。黄帝爬上去骑在龙身上。群臣和后宫跟从他又爬上去了 70 多个人，龙这才飞上天离开了。其余的小臣没有上去的，都抓着龙的髯须。

这场面有点混乱，可见哪怕是抓着龙的胡须也可以随龙升天。

《庄子》里也有这样的记载：

> 肌肤若冰雪，绰约若处子；不食五谷，吸风饮露；乘云气，御飞龙，而游乎四海之外。

意思是说，姑射山上住着一个神仙，皮肤白得像冰雪，像处女一样风姿绰约，不吃人间五谷杂粮，喝露水。能腾云驾雾，坐骑是一条飞龙，经常在海外游玩。

皇帝和神仙可以骑龙升天，普通人呢？

在西汉时期的中国第一部叙述神仙的传记——《列仙传》中，就有很多关于普通人乘龙升仙的故事。

比如这里面讲过一个人叫茅濛，在干华山修行成仙之术，每天服用仙丹，终于有一天得道成仙，乘坐一条红色的龙升天了。当地有首童谣唱的就是这个故事："神仙得者茅初成，驾龙上天升太清。"

无论是皇帝还是老百姓，想要升仙，龙是其必备的交通工具，它可以带领人们来到幸福的仙境。

龙能够上天入海的特征，使其成为沟通天地的使者和媒介。战国时期的一些绘画中出现了关于龙引导灵魂升仙的描绘，汉画中的龙图像同样被认为具有沟通天地的功能，是帮助死者升仙的媒介，这些龙图像与墓室结构共同组成墓主人死后的一个理想的空间。

这个屏风当中龙穿行在云中，实际上就是龙纹和云纹的结合体，这种纹样在后世得以流传，我们称之为云龙纹。我们刚才说了龙纹代表一种尊贵的地位，表达的是人们对生命循环往复与永生的愿望，而云纹的加入使得升天和永生的愿望得到加强。

屏风是汉代贵族奢华生活的必备家具，我们可以想象当年的轪侯利仓坐在这件云龙纹屏风前面，宴饮宾客，是何等的气派！

▲ 博具盒

▲ 六博俑

▲ 博具

▲ 博具盒内部

汉代人的生活是丰富多彩的，他们既关注死后的世界，又关注怎么活着更有乐趣，所以就出现了游戏类家具——棋枰，就是我们后世的棋桌。

六博棋枰与棋盒

左图是马王堆 3 号墓出土的一套博具盒与博具，也就是棋盘。其接近方形，博具盒边长45 厘米、通高 17 厘米，是用四块梯形和两块等腰三角形木板拼成。博具正面髹黑漆，四角内侧各有一剪贴的鸟形装饰。盖上用朱足，足内雕出牙板。盒内髹朱漆，并按棋具形制而设计成大小、长短不同的格。盒面上施用所谓"锥画"技法装饰，针刻出飞鸟及云气纹，其间还用朱漆描绘几何纹。棋盘上用牙条镶嵌出中心及四周方框，作 L 形或 T 形的十二个曲道及四个飞鸟图案。博具包括黑白棋 12 枚、长短筹码 42 枚、直食棋20 枚及环首刀、象牙削和一枚十八面木骰子。此套博具盒与博具造型雅致、结构精巧，显然是墓主生前的心爱之物。

博具盒在盛放棋具的同时，还可充当下棋时的棋枰枰座，可见当时的棋具设计是极具匠心的。古代家具种类不多，其功能也是多方面的，一器多用是古代家具的特点之一。

六博，又称陆博，是中国古代民间一种掷采行棋的博戏类游戏，因使用六根博箸所以称为六博。它以吃子为胜，是很早期的兵种棋戏，象棋类游戏可能就是从六博演变而来。六博最迟在春秋时期就已经出现，战国时代十分流行，上到王公贵族、文人士大夫，下到平民百姓都乐此不疲。

在《战国策》中有这样的记载：

> 临淄甚富而实，其民无不吹竽鼓瑟……陆博蹹（tà）蹴者。

意思是说，临淄这个地方非常富裕，人们的日子过得非常好，所以老百姓都非常喜欢吹竽弹瑟，也喜欢下六博棋和踢足球。

《史记》中也记载了一段关于齐国人盛行玩六博的场景：

> 若乃州闾之会，男女杂坐，行酒稽留，六博投壶，相引为曹。

意思是说，至于乡里之间的聚会，男女坐在一起，彼此敬酒，没有时间的限制，又做六博、投壶一类的游戏，呼朋唤友，相邀成对。

由此可以想象战国博戏的热闹场面。

六博是一种游戏，但是因为要分出胜负，争一个胜败，可能就要使出一些计谋，甚至可能引发一些冲突，这在儒家学者眼中是一种不能容忍的恶行。

《孔子家语》里记载了鲁哀公与孔子的一段关于六博的对话：

哀公问孔子说："我听说君子不下棋，有这样的事吗？"孔子回答说："有的。"哀公又问："为什么呢？"孔子回答说："因为下棋时，双方为了取胜就会相互欺凌，相互欺凌就会走上邪路。"哀公又问道："是这样吗？君子厌恶恶行到这种程度。"孔子说："君子如果不非常厌恶恶行，就不会非常喜好善行；不非常喜好善行，百姓也不会非常亲近君子。"哀公说："好啊！君子要去帮助人行善，而不去助恶。您说得很有道理啊！"

六博会让人走上邪路，听起来有点危言耸听，但是孔子却不幸言中。

在汉代刘向所著的小说集《说苑》里，记载了这样一个故事：秦初，嫪毐被封为长信侯后，以太上皇自居。在秦王嬴政举行冠礼的宴会上，秦王设六博助兴，博戏中嬴毒争胜好强，甚至口出狂言，结果落得满门抄斩。下个棋就能让人忘乎所以，最后丢了性命，所以孔子的劝诫是有道理的。

下面这个故事同样关于六博，也是一幕悲剧。

司马迁在《史记》中讲述了这样一个故事：汉文帝时，吴太子，就是吴王刘濞的儿子——刘贤到长安朝见，陪侍皇太子刘启，就是后来的汉景帝"饮博"，也就是一边喝酒一边玩六博。吴太子的六博教练是个楚人，"轻悍，又素骄"，就是强悍又傲慢，他带出来的学生势必也锋芒毕露，不知分寸，哪怕面对的是皇太子。结果，血气方刚的两名年轻人因争棋道吵架，刘贤出言不逊冲撞了皇太子刘启，刘启觉得在仆人面前跌了面子，举起棋盘打死了吴太子。吴王刘濞得到消息后悲痛欲绝，从此怀恨在心。到汉景帝登基的第三年，刘濞联合楚、赵诸王，以"清君侧"为名发动了"七国之乱"。

下棋不仅出人命还会导致战争，即使这样，在秦汉时期人们仍然非常喜欢这种游戏，在秦汉时期的墓葬中经常可以发现各种漆木质博具盘及六博博具。马王堆3号汉墓出土的博具盒和博具是迄今为止出土的汉代博具中最为精美和齐全的，棋局、筹码、棋、骰和博具盒俱全，实为难得。此博具定为墓主人生前喜爱之物，六博之戏也当是墓主人生前所爱好的游戏。

马王堆汉墓出土的这些汉代初年的家具不仅为我们描绘出汉代贵族们奢华的生活，也为我们勾勒出汉代初年家具的大致风貌，总结起来有以下三点：

一、家具功能更加实用。与先秦时期家具兼有礼器功能形成鲜明对比的是，汉初家具品类已从礼器的圈子里跳出来而广泛应用于日常生活的各个方面，且实用器更加精致，新型器具不断涌现，比如我们这一章讲到高矮凭几，这成为这时期家具品类变化的一大特点。

二、器形演变日趋世俗。汉初许多新型漆器都是从先秦某些漆器品类中演变而来的，为了实用功能的需要，汉初工匠常将过去的一些器形进行改进使之更加精致和实用。比如我们刚刚讲到的精美的漆案和棋局就是人们追求世俗化生活的典型产物。

三、南北风格不断融合。马王堆汉墓中出土的家具，表明秦始皇统一六国之后，南方的楚式家具得以进一步传播，中原地区的家具形态也有了很大改变，南北家具渐趋融合。云龙纹的漆屏风就是楚地尚巫思想和中原文化道家思想共同作用下的产物。

　　汉代马王堆出土的家具如此之精致和奢华，令人叹为观止，那么在汉代除了马王堆汉墓还有哪些墓葬出土了精美的家具呢？它们与马王堆汉墓出土的家具相比有哪些差异呢？是否能带给我们一些新的惊喜呢？下章继续讲解。

1983 年 6 月，一支工程队正在广州市的象岗山进行基建施工，工程进展很顺利，但是一天中午，在挖掘机进行一轮粗挖后，工人们开始移走土石方，平整作业面，突然发现砂石和土层不见了，取而代之的是一块块硕大无比、形状规则的石板。板间缝隙狭小，工人们没有考虑太多，用丁字镐顺着其中一条石板缝隙向两边撬动。缝隙渐渐加大，一个幽深的无底黑洞露了出来。

　　此时负责工地现场的基建科长邓钦友刚好路过，看到人头攒动，便上前察看。凭借前几次工地挖出古墓的经历，以及从文物工作人员身上学到的考古常识，他感到此事非同小可，于是迅速上报广东省人民政府办公厅，广州文物管理委员会主任麦英豪来到工地现场，他透过石板缝隙，利用手电筒观察了一番，确定是墓葬无疑，但墓主人是谁，墓葬是否被盗，都还无从知晓。安全起见，他安排人员驻守，遣散施工工人，并封锁了发现墓地的消息。入夜时分，麦英豪找来了一位身材瘦小的工作人员——黄淼章进墓勘察。从石板缝隙进入阴森冰冷的地下宫殿后，黄淼章顿时沉浸在眼前景象带来的惊叹之中，原本的恐惧感荡然无存。数不清的青铜器物和古玉饰品在手电光照耀下发出璀璨的光芒，这就是震惊考古界的西汉南越王墓。

　　西汉南越王墓位于广东省广州市越秀区解放北路的象岗山上，是西汉初年南越王国第二代王赵眜的陵墓。秦末汉初，在今天的岭南，曾建有南越国，立国者赵佗被称为"南越武王"。赵眜是赵佗的孙子，号称"南越文帝"。西汉王朝建立之初，民生凋敝，统治者出于与民生息、稳定统治的考虑，对南越国采取怀柔政策。赵佗在位长达 67 年，占南越国 93 年历史的大部分时间，为岭南地区的发展做出了贡献。

我们这一章将讲述四类汉代家具，从而解读一下汉代家具独特的文化意蕴。第一件文物就是从西汉南越王墓出土的大屏风，这是一件气势恢宏的家具。

南越王墓大屏风与蛇的形象

下图是一件于 1983 年在广州西汉南越王墓出土的漆木大屏风，是以死者生前的实用屏风随葬的，经复原后为可折叠的三面围屏，通高 1.8 米，总长 5 米。正面左右为固定屏壁，正中为屏门，屏门两扇，可向后启合。两侧为翼障，以折叠构件连接，可作 90 度展开。张开后的屏风平面呈"n"形，折合后的屏风则如同一面华丽的影壁。

顶上两转角处各立铜朱雀，朱雀昂首向前，作展翅欲飞状。朱雀尾端插有雉鸟尾羽，翼障和屏门上各立双面铜兽首，上面也插有羽毛，与朱雀共同组成了一列威严壮观的屏风顶饰。由于屏板大都朽没，只在部分残片上看到有用红、白二

▲ 南越王墓大屏风

色绘制的卷云纹。

此屏风为首次发现的，年代最早、形制最完整的大型实用折叠屏风，规模宏大，结构复杂，装饰华丽，堪称西汉家具的上乘之作。

笔者在广州南越王墓博物馆看到过这件复原的大屏风，第一感受就是体形巨大，在空旷的博物馆里显得非常引人注目，第二感受就是这个屏风的顶部装饰物和足座相当华丽。我当时非常仔细地比较了一下原物和复制品，不由得感慨，汉代的铜鎏金工艺实在是太精湛了，相比之下我们的复制品倒显得有些粗糙。

我们再一起来看一下这个屏风的足座，除了这个蟠龙座之外，其余两个足座都和蛇有关：一个是人操蛇托座，这是一个用青铜铸造出的力士俑和5条蛇的形象。力士俑两眼瞪圆，眼珠外凸，短而高，口衔一条两头蛇，双手操着两条蛇，双腿也夹着两条蛇，四蛇相互交缠。另外一个是龙踩蛇，在翼障之前，有一条龙昂首摆尾，足踩两蛇。

我们之前讲过家具中蛇的形象，大家还记得吗？就是楚漆家具那一章，湖北江陵望山1号墓出土的木雕座屏，漆木小座屏上透雕了30余条蛇。楚人尊凤厌蛇，就将蛇放在屏风的底部，凤踩踏在上面，凤在气势上完全占了上风，楚人借用凤鸟啄蛇的表现形式来寄托厌蛇心理。

中国人对于蛇的态度经历了一个漫长的过程。

第一个阶段，我们称为蛇图腾阶段，灵蛇属于善神，它们的出现往往伴随着某种神圣性，我国上古时代的众多神明都拥有人首蛇身的形象；第二个阶段，我们称为厌蛇阶段，这一时期先民对自身力量的掌控逐渐增强，灵蛇的神秘性逐渐削弱，蛇类作为邪恶阴暗的代表处于被打击的地位，这一形象集中体现为凤鸟践蛇。这时候，人们仍然畏惧蛇，不能完全战胜蛇，蛇依旧代表着强大的自然力，所以如果谁能制服蛇，就代表其掌握了至上的权力。

《山海经》里有这样一段话：

有人曰苗民，有神焉，人首蛇身，长如辕，左右有首，衣紫衣，冠旃冠，名曰延维。人主得而飨食之，伯天下。

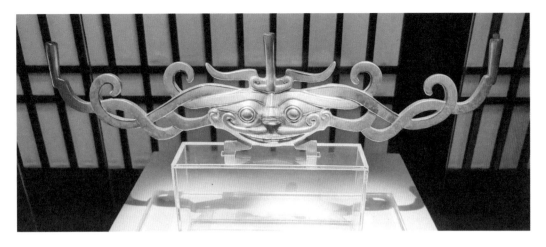

▲ 双面兽首

▲ 屏风铜蛇纹托座

▶ 屏风铜人操蛇托座

意思是说，有一种人被称作苗民，他们居住的地方有一个神，他的样子是人面双首蛇身，身躯有车轮那么粗，车辕那么长，脖子左右分开，各长出一个脑袋。他平时穿紫色衣服，戴红色冠冕，其名叫延维。国君将它煮熟之后与宾客共享，便可以称霸天下。延维即委蛇，也是一种神蛇。

看似荒诞的故事记载，却足以表现出蛇在先秦时期是权力、神性的象征，这是惧蛇、防蛇行为进一步社会化的结果。

吃了蛇的人会成为霸主，那么杀了蛇的人呢？

在《史记》中记录了汉高祖刘邦的一个故事：秦二世元年，刘邦以亭长的身份为沛县押送一群刑徒前往骊山服劳役，许多刑徒在半路逃跑了。刘邦估计抵达骊山时，刑徒会全部逃光，所以在路过丰县西面的沼泽时，就停下和众人一起饮酒。夜里，他把愿意走的刑徒都释放了。刑徒中有十几个壮士愿意跟随他一块走。刘邦趁着酒意，夜里抄小路通过沼泽地。他让一个人在前面开路。不一会儿，开路的人慌慌张张地跑回来禀报说："前边有条大蛇挡在路上，还是回去吧。"刘邦当时已经醉醺醺的，他借着酒劲儿，疾步冲到最前面，果然有一条大蛇横卧在路上。刘邦毫不迟疑，拔出长剑，奋力劈过去。大蛇被他斩成两截儿，道路终于打通了。他继续往前走了几里，由于醉得太厉害，他躺倒在地上就睡过去了。后面的人来到斩蛇的地方，看见一位老妇人在黑夜中伤心地哭泣。有人问她为什么哭，老妇人说："有人杀了我的孩子，我在哭他。"那人又问："婆婆的孩子为什么被杀？"老妇人说："我的孩子是白帝之子，变化成蛇，挡在道路中间，如今被赤帝之子杀了，我就是为这个才哭的。"众人都认为老妇人是在说谎，都想骂她，老妇人却忽然不见了。

这就是著名的高祖"斩蛇起义"，赤帝子斩了白帝子，或许就意味着权力的更替，可见蛇的神性力量一直延续到了汉代。

即使在厌蛇阶段，人们仍然认为蛇具有某种灵性，所以可以说在这个屏风中的蛇的形象兼具神性和邪性。一方面，人们希望依靠蛇的神性与神灵沟通；另一方面，蛇又是阴间一切凶恶的象征，力士俑操蛇和嘴里含着蛇，还有龙踩蛇都象征着他们已经对凶恶进行了有效的控制，保护了死者在另一世界生活的安宁，为死者及早升仙扫清了障碍。

这个大屏风不仅还原了南越文王的奢华生活，也为我们揭示了汉代人对于蛇又爱又恨、又怕又厌的复杂心情。

这件大屏风是历代保存下来的屏风中年代最早、极具气势的一件，展现了汉代雄壮的美学精神。下面这件雕刻极其精美的采用玉石制成的屏风形体虽小，但是同样展现了汉代人极具想象力的艺术气质。

座屏与玉文化

右图是 1969 年在河北省定州市东汉中山穆王刘畅墓出土的一件玉座屏，长 15.6 厘米，高 16.9 厘米。此玉座屏是陈设玉器，青玉质，有褐色沁痕。座屏由镂空的两侧支架和上、下两块玉屏卯合而成，两侧以双连玉璧为支架，玉璧上透雕青龙、白虎，中间两个屏片略呈半月形，两端有榫插入架内，透雕人物鸟兽纹。我们来看看这个纹样：上屏片正中为"西王母"，分发高髻，凭几端坐，旁有朱雀、狐狸、三鸟等；下屏片为"东王公"，发后梳，凭几而坐，旁有侍者及熊、

▲ 玉座屏

玄武等。此玉屏采用了透雕、镂刻等多种琢玉技艺，画面神采飞扬，超凡脱俗，表现为一种特有的浪漫主义遗风。现藏河北省定州市博物馆。

这件玉座屏中刻画的西王母和东王公的形象实际上描绘的是一种仙境，它反映了汉代人的神仙崇拜思想。

西王母最初出现在《山海经》中：

西王母其状如人，豹尾虎齿而善啸，蓬发戴胜，是司天之厉及五残。

意思是说西王母，整体形状像人，却有着豹子一样的尾巴、老虎一样的牙齿，头发蓬张着像竖起的羽毛一样，在满头乱发中又戴着一支玲珑的玉胜。因为形象凶残，所以掌管天下刑罚，执掌生杀大权。

在《山海经》里，西王母只是一个半人半兽、容貌骇人的凶神，但是到了汉代，阴阳五行、谶纬之说大行其道，从帝王到百姓都对神仙之说十分痴迷，渴望长生不老、飞升成仙，正是在这样的社会环境下，西王母被汉代人发现，并在群众性的造神运动中逐渐走上神坛，一跃变化成为道教至高无上的女神，民间俗称"王母娘娘"。

魏晋时期，曹植作《仙人篇》赞颂她：

▲ 西王母

▲ 东王公

东过王母庐，俯视五岳间。

从这两句诗中，我们可以感受到其中的豪情壮义。这"王母庐"就是今天山东泰山脚下的王母池，唐代时称为瑶池。据记载，王母曾于泰山王母池集聚群仙，所以其后创建道观加以祭祀。

东王公与西王母相应，被认为是代表阴阳中"阳"的神祇，与西王母一起作为死后成仙世界的主神。也就是说，人死之后，升仙来到另外一个世界，这个世界的主宰就是东王公和西王母。

说完了这个图案，我们说说这件家具的材料。

这件座屏是比较罕见的玉制家具，用玉石制作家具比较少见，主要是因为原材料不易获得。但是到了汉代，情况有所改变，在张骞通西域后，玉石原料的采运也变得非常便利，新疆和田玉大量进入中原地区。

《汉书》有这样的记载：

于阗国，去长安九千六百七十里……多玉石。

于阗国是古代西域佛教王国，就是今天新疆和田市，也就是说新疆在汉代就生产玉石。

玉对于中国人来讲不仅是一种珍稀的材料，更代表着很多深刻的文化含义。在世界四大文明古国中，古埃及、古印度、古巴比伦三大文明都是以黄金为贵，只有华夏文明以玉为尊。东汉许慎在《说文解字》中第一次提出：

玉，石之美者。

意思是说，玉的材质比一般用于制作生产工具的石料美丽，不仅美丽，而且珍贵，甚至还具有某种神力。早在原始社会时期，就出现了以大量玉礼器随葬的所谓"玉殓葬"。两汉时，人们认为，玉器是身份的象征，葬玉属最高规格的礼遇。汉代丧葬玉器中最为典型的为玉衣，就是所谓的"金缕玉衣"，用玉衣保护

死者不朽不是最终的目的，终极目的是通过玉衣、葬玉来与神灵沟通，以确保灵魂进入永恒的天界。

在汉代，玉被无限神化，不仅可以助人永生，甚至可以像植物一样生长。在《搜神记》里有这样一个故事：有位叫杨伯雍的洛阳县（中国古县名，今属河南省）人，遇见一人，这个人给了他一斗石子，叫他找地方种下去，就可以得到玉石。杨伯雍按照这个人的指示，将这些石子栽种到地里面，数年之后，果然有玉石从地里面长出来，杨伯雍把这些玉石卖了之后，还娶到了一个漂亮的老婆，天下为之惊叹，天子听说后拜他为大夫，让他专门负责种玉，他种玉的地方被命名为"玉田"。

这是人类神话思维赋予玉石的神奇功能，代表着一种生生不息的生命力，也代表着一种难以名状的神力。在墓葬里使用玉制的家具，就是希望逝者可以借助这种神力获得永生。前面提到的这件描绘着西王母和东王公形象的玉座屏，为汉人描绘了人们在极乐世界的美好生活，拥有波澜壮阔的意境美。

箱和云气纹

下图是一件于 2015 年从江苏扬州邗江区西湖镇胡场村汉墓出土的漆箱，长方形，顶盖向上隆起，我们称为盝顶箱。盝顶箱是秦汉时出现的一种新形制，盝顶原是中国古代建筑的一种屋顶样式，即在建筑顶部用四个正脊围成平顶，整体上为上沿小，下沿大，作四面坡形状。这种形式后来出现在箱子的造型上面。此件盝顶箱全身髹饰

▲ 漆箱

黑色底漆，上面是红色的云气纹，在云气纹中间穿插着作飞腾状的羽人的形象。

我们先来讲讲云气纹。

中国是最早从狩猎经济和采集经济进入农耕生产经济的国家之一，在中国古人看来，云作为一种天气现象与人类自身的生存方式息息相关。中国人历来钟情于"云"，在对云进行观察、记录和把握中逐渐形成了独特的思维认知与审美表达。云代表着水汽，水是生命之源，任何生命的存在都离不开水。古人以"云色"象征人世间的吉凶与丰收。

《周礼》里是这样说的：

> 以五云之物，辨吉凶、水旱降、丰荒之祲象。

意思是，根据五种云色，来辨别吉凶，预测是旱还是涝、是丰年还是荒年。

汉朝继秦建国以来，其装饰艺术面貌趋向成熟，装饰纹样开始关注现实与理想中的生活，展现出别样的朝气与浪漫。这时候，飞扬流动的云气纹出现了，形态上除了勾卷型云头，云躯逐渐变得复杂多变，还出现了"云尾"这一新元素。"云尾"这一元素使得云气纹气势流动，劲健有力，起着加强力量感、运动感和速度感的作用，渲染了汉代云气纹特有的一种气势。

云气纹中的"气"，是中国哲学中的重要概念，云气纹是人们对于气的一种表达方式。古人认为气是构成世界的最基本物质，宇宙间的一切事物和现象都是由气的运动变化产生的。

《河图帝通纪》里有这样一句话：

> 云者，天地之本也。

这里的云指的就是气，气是天地的本源。

"气"往复于宇宙运动中，串接着大地万物包括人、神、禽、木等形态，呈现着虚实、动静、分合、明暗等生动姿态，揭示的是生命一体化的世界，是一个具有共同生命秩序的和谐整体。

《说文解字》里说：

> 云，山川气也。

意思是，云就是山川之气。

由此可知，古人认为"云"和"气"互为一体，"气"就是云和形成云的气体，流动的气体是云的原质。"云"与"气"的统一，体现了古人对自然现象与运动规律的朴素认识，而且这种宇宙气化流动观念不仅使中国人对"云"情有独钟，同时也赋予云非同寻常的文化背景。

人类最美好的愿望就是可以长生不老，云气纹与求仙思想密切相关。从老子的《道德经》开始，到秦始皇求长生不老，再到汉人的神仙论，云气纹与当时的天界、飞升思想紧密相关。

《史记》中记载：

> 真人者，入水不濡，入火不热，陵云气，与天地久长。

意思是说，真人进入水中不会被水浸湿，进入火中不感到热，腾云驾雾，与天地一样长寿。真人就是得道的人、"成仙"之人。可见，仙人一定与云联系在一起。

《仙人唐公昉碑》记载了这样一个故事：唐公昉，西汉末年汉中郡城固县人，拥有大片良田和六畜，比较富裕。唐公昉因德才兼备且财力雄厚，经大家公议、乡里推荐，由乡绅入仕为汉中郡吏，后来又受到蜀地神仙李八百的青睐，密授他一些道家神功。有一次，他得罪了本地最有权势的郡守，郡守要逮捕他和他的所有家人，唐公昉情急之下只能求助师父李八百。李八百来到唐公昉的家里，对他和他的妻子说，我可以帮助你们离开这里，可是唐公昉的妻子说，我舍不得这个家，这里面有我们多年的心血啊。李八百说，你是想让这个家和你一起离开吗？唐公昉的妻子闻言大喜，说，那当然最好啦，李八百点了点头说，好吧，只见一阵飓风袭来，一朵云彩翩然而至，唐氏家院拔宅而起，扶摇升空，一家老小相携相拥，家畜鸡犬相随。等到郡守带着衙役来逮捕他的时候，看到的是人去房也没了，只留下空荡荡的一片平地。

踩着云彩飞升上天，从这个故事里面我们可以看到，唐公昉全家是在大风、玄云的帮助下而进入仙道。由此可知，无论是个人升仙，还是全家升仙，在这一过程中"云气"都充当着媒介或升天的工具。

另外，在汉代人们心中，云气还代表了天神降临的祥瑞，寓意着贤人、贵人的降至。

《史记》中记载了这样一个故事，秦始皇曾说："东南方向有天子气象。"因此，他便东游想以此镇压住它。刘邦怀疑自己有天子征象，就赶紧逃亡，隐藏于芒砀两山之中。吕雉和刘邦的随从一起去寻找高祖，常常能找着他。刘邦很奇怪，便问他们是如何找到自己的，吕雉说："你所住的处所的上空时常有云气，所以，我们就朝着那个云气的方向走，常常就找到你了。"可见，古人认为圣人、贵人和贤人也必有云气相伴，云气是升仙的工具也是祥瑞的象征。

汉代很多家具上面都会使用云气纹，它飞动流转，仙气飘飘，给这些家具增添了灵动的色彩和气质。这件云气纹的盝顶箱体现了汉代崇尚动感和力量的审美精神，这是一种恢宏大气的雄壮之美。

妆奁

右图是一件双层九子漆奁，是从长沙马王堆汉墓出土的比较具有典型性的漆器，此漆奁双层，上部有漆盖，上下两层可以很严密地结合在一起。上层放置手套三双，丝绵絮巾、组带、绢地"长寿绣"镜

▲ 妆奁

衣各一件。下层底板厚5厘米，凿凹槽9个，槽内放置9个小奁，内放化妆品、胭脂、丝绵粉扑、梳、篦、针衣等，即使翻转和晃动，里面小的漆奁也不会发生错位。这套九子奁从设计、制作到装饰均极具匠心，大小奁盒件件工艺精美，充分展示了秦汉时期我国漆器制作和装饰工艺的惊人技巧。

奁，古代盛妆用的匣子。

《说文》里这样解释奁：

> 奁，镜奁也。

意思是说，奁就是梳妆用的小匣子。

因奁中所盛多属化妆品，故可名为妆具。

《续汉书》中说：

> 灵帝建宁中，京都长者皆以苇方笥为妆具。

这里面说的是，汉灵帝执政的建宁年间，京城的官员都以竹制的方盒子作为梳妆盒。这种盒子在以前本来装的是案卷，但是因为当时政治腐化，案卷匣竟然成了梳妆匣，这里要表达的是官员的不作为。

从这句话我们也可以得知，在古代，妆奁不单是女性的梳妆用品，男性也用。中国古代男性因为要留长辫，所以也会将一些梳妆用具随身携带。两汉时期，妆奁在材料、装饰上继承了战国与秦代的妆奁，但又有了比较明显的创新与发展，最典型的是多子奁的出现。妆奁的层数由单层发展成双层，子奁形状大小不一，按照器形分别盛放簪钗、梳篦、脂粉、镊子、假发等，妆奁在构造上实现组合化，更具实用性。

一方面，西汉时期，人们对美的追求更加热忱，连汉墓中的女佣都描眉、涂朱、施粉。张骞出使西域后，胭脂也随之流传到中原，因此化妆品的数量也从原来的几样增至十几样甚至几十样。这样一来，原来妆奁的容积明显承载不了这么多的用具，所以就出现了多层多子奁。

另一方面，多子奁的出现也是当时的价值取向及审美情趣的体现。汉朝前期，由于之前长期战乱，人口数量急剧下降，因此延续生命、家族人丁兴旺，成了无论是老百姓还是帝王将相都盼望的一件事。漆奁的母奁内包含着多个子奁，以此寄托着人们对子嗣昌荣的美好期盼。漆奁内的子奁数大多为奇数，如三、五、七、九等，一般来说，漆奁中子奁数越多则其使用者的地位越高。

妆奁里面放置的最重要的一个物品就是粉，古代人用粉来妆饰面部由来已久。

宋代高承在《事物纪原》里说：

> 周文王时，女人始傅铅粉。

从周文王时期开始，女人就开始使用铅粉。

战国时期，粉妆在一些地区的女子中已经相当普遍。

《战国策》中记载张仪对楚王说：

> 郑、周之女，粉白墨黑，立于衢间，非知而见之者，以为神。

意思是，那郑国和周国的女子，皮肤白，头发黑，打扮得十分漂亮，站在大街巷口，如果不知道，初次见她的还以为是仙女下凡。这里面说的肤白貌美的女子有的可能是天生皮肤白，但是大部分应该是抹了粉吧。

汉人同样以白为美，在汉代，除女子施粉外，男子也有面部施粉化妆的现象。

《后汉书》里记载了这样一个故事：东汉永嘉元年，由于太尉李固严把官员任用关，打破了专权者梁冀用人的潜规则，奏免了一百多名宦官，得罪了很多人。梁冀便操纵多人联名上奏朝廷，捏造罪名陷害太尉李固，罪状是"目无君父"，其证据就是：在冲帝刘炳驾崩出殡的时候，道路两旁的臣民无不痛哭流涕，而大臣李固却浓妆艳抹，搔首弄姿，左顾右盼，全无悲痛之心。这当然是诬告，后来因梁太后主持正义，梁冀之计并未得逞。从这些诬蔑之词可看出当时男子确有施粉的习尚。

从这个双层九子奁中可以看到，汉代贵族的生活繁复而精致，一个小小的妆具不仅有功能和方便携带方面的考虑，还体现了汉代人对美好生活的期许。九子奁虽小，却承载着汉人的大智慧。

汉代有恢宏壮丽的大屏风，精致优雅的小玉屏，还有飞波流转的云气纹盝顶箱，如梦似幻、丝丝入扣的小妆奁。这些家具为我们勾勒出了汉人胸怀天下、指点江山的雄浑气魄；超越现世，对于极乐世界的无尽想象；热爱生活、憧憬未来的积极乐观的心态。这就是汉代人，拥有充盈的物质生活和丰富多彩的精神生活，他们是一群拥有有趣灵魂的人。

我们用四个章节讲述了汉代家具，大家对于汉代家具已经有了一个大致的认识。汉代前期推崇黄老之学，讲究无为而治，中后期开始"罢黜百家，独尊儒术"，所以汉代家具的美学思想可以归纳为以下两点：

道家的超越现世思想：从材质到装饰纹样，都表达了汉代人对于自由的极乐世界的向往，包括采用玉石这种材料，采用蛇纹、西王母、东王公、云气纹等纹样。

儒家的伦理孝道思想：儒家思想同样影响着汉代家具，儒家倡导伦理秩序，多子奁的出现就是对儒家的多子多福思想的物化。

汉代是中国第一个盛世王朝，我们看到了很多让人惊叹不已的家具文物。汉代之后，中国进入了魏晋南北朝时期，这是一个分裂的时代，这一时期的家具会产生哪些变化呢？在一个动荡和战乱不断的时期，是否还会有像汉代马王堆汉墓那样的墓葬被发现呢？我们又会看到哪些令人惊喜的家具文物呢？下一章继续为大家讲述。

第十一章 魏晋风度

在《世说新语》里记载了这样一个故事：东晋太尉郗鉴希望给自己的女儿招一名乘龙快婿。他听说王导王丞相家的子弟都非常优秀，便派了一个门生去找王导讲明此意。王导同意了，并邀请这个门生到东厢房去看。王家的子弟，包括儿子、侄子等都在那儿。门生逐个观察以后，就回去向郗鉴禀报。他说，王家的子弟看上去个个是青年才俊，藏龙卧虎，但是他们一听，我们是来招女婿的之后，态度就显得非常矜持，有的吟诗，有的作画。但是唯有东厢房的床上面一个青年人躺在那里，露着肚子在吃东西，根本不把这个消息当成一回事。太尉一听到这里，马上脱口而出，太好了，此人正是我的佳婿。此人正是历史上大名鼎鼎的书法家——王羲之，郗鉴后来就把女儿嫁给了他。

这就是"东床快婿"这个成语的由来。

从这个故事里，我们能看出魏晋时期的文人雅士非常有个性，太尉选女婿，王羲之却在东床之上袒腹而食。这种人在魏晋时期确实不足为奇，魏晋时期是一

个动乱的年代，但是同时也是一个思想活跃的时代，新兴门阀士族阶层虽然生存处境极为险恶，但是其人格思想行为又极为自信、风流、潇洒、不拘礼节。士人们多特立独行，代表人物有"竹林七贤"，即阮籍、嵇康、山涛、刘伶、阮咸、向秀、王戎，他们在生活上不拘礼法，常聚于林中喝酒纵歌，清静无为，洒脱倜傥，还有顾恺之、陶渊明，以及上面这个"东床快婿"的主角——王羲之，他们代表的"魏晋风度"得到后来许多知识分子的赞赏。

我们再说回"东床快婿"，这里面的床是什么样的呢？与汉代的床有哪些不同呢？我们下面就来讲一讲魏晋时期的床榻。

板榻与魏晋风度

下图是北齐画家杨子华创作的绢本设色画《北齐校书图》，现收藏于美国波士顿美术馆。画面有三组人物，居中的是坐在榻上的四位士大夫，或展卷沉思，或执笔书写，有人要离席，有人正挽留，神情生动，细节描绘也很精微，旁边站立服侍的女侍也表现得各具情致。

在这幅画中绘制了一件大型板榻。此榻为典型的箱形结构壸门托泥坐榻，其

▼北齐　杨子华　《北齐校书图》

高度明显已过膝，榻座前有四个壶门洞，两侧有两个壶门洞，一共有 12 足，榻体厚重宽大，榻上坐四人，并且摆放着笔、砚、盂和投壶，这种大型托泥式榻是在汉代榻的基础上发展出来的新家具，人们在大榻上仍是席榻而坐，也有人在榻边垂足而坐。唐代以后，这种大型板榻经常出现，尤其为佛教僧侣及文人雅士所喜爱，同时在此基础上演变成大型案。

箱形结构板榻是这个时期最具有时代特色的坐卧类家具，这种箱形结构源于商周青铜椸的结构，是中国古代家具主要构造形式之一。箱形结构顾名思义就是类似箱子的结构，这是和后期的框架式结构相对的。

魏晋时期坐榻相当于我们现在的沙发，是会客和休闲的主要家具，在这样的大榻上，或侧坐，或斜倚锦囊（即"隐囊"），或品茶，或宴饮，或闲谈，或下棋，很是自在。

在《世说新语》里记载了这样一个故事，西晋时期著名将领裴遐在东平将军周馥家做客，周馥做东设宴，裴遐和别人坐在榻上下围棋。周馥的司马给裴遐敬酒，裴遐一边下着棋，一边不断要酒喝，那位司马很生气，便把他拉过来拖到了地上。裴遐从地上爬起来，又回到了座位，神色不变，依旧下棋。之后同行的太尉王衍问他："遇到这种事你怎么能这么镇定呢？"裴遐回答说："我只是让着他罢了！"这就是魏晋时期的所谓文人雅士的风度，这样的事情还不止一件。

东晋时期有个大臣叫谢万，他是东晋名士谢安的弟弟，一次和一个名叫蔡系的人争抢座位，蔡系竟然把谢万推下木榻，结果弄得谢万帽子也掉了，包头的头巾也开了。只见谢万慢慢地爬起来，整理好衣服重新坐回木榻，好像什么事情也没有发生过一样。可见这就是当时文人的风气与时尚，豁达而超脱于世俗礼仪的人际交往，不拘泥于小节，正是魏晋风度的神采所在。

这些魏晋文人的坐榻韵事，深为后世文人仰慕，风流余韵已至千载。

有的坐榻上还安有围屏，人们在围屏上作画，或者题写诗句，使床榻充满了书卷气息，坐榻的文化内涵极为丰富。坐榻对于魏晋时期的隐士们来说非常重要，既可终日坐在榻上参悟人生，静观世间万物，参禅论道，又可在木榻之上交友下棋，张狂失态，尽显文人隐士高雅不群的心态。

右页上图是 1972 年在江苏南京大学北园东晋墓出土的两件陶榻，长方形，榻面平整，四周有一微小棱线，上面应该可以铺上坐垫。背面有起加固作用的木条，下有四足，足的截面呈曲尺形，足间作弧线，但中间断开，采用"挖缺作"形成两片对称的牙板，腿间形成简洁的券口曲线。器上残存有漆痕，说明当时曾模仿木器涂有漆饰。这件榻的足很有特色，造型轻盈美观，工艺难度比较大，因此不是一般人家所能用的。这是东晋时期在江南流行的坐榻样式。

我们在这一章的开始讲了一个"东床快婿"的故事，那里面的床应该并不是床，而是这种板榻，造型风格应该与上图这件文物类似，只是形体略大一些，方便王羲之斜躺在上面。

魏晋时期是中国一个非常特殊的历史时期，正如著名美学家宗白华所说：汉末魏晋六朝是中国政治上最混乱、社会上最苦痛的时代，然而却是精神上极自由、极解放、最富于智慧、最浓于热情的一个时代。而坐榻成为魏晋文人展示自己自由的精神和卓绝智慧的一个绝好的舞台，这个时候它就不仅是一件家具了，而是被赋予了更深刻的精神价值和文化气质。

▲坐榻

围屏石棺床与胡汉融合

下页图是一件 2000 年出土于陕西省西安市安伽墓的石棺床，围屏石榻长 2.28 米、宽 1.03 米、高 1.17 米，青石灰石质，上部分为三面围屏，榫

▲ 围屏石榻

▲ 安伽墓围屏石榻

卯拼接，围屏内侧有十二幅浅浮雕图像，以朱红色为边框分隔，均施彩贴金。这些画像异域色彩浓重，一派西域气象，内容包括出行、狩猎、宴饮、舞乐、庖厨、商旅等画面，表现了粟特人的生活以及粟特人与突厥人的交往。粟特是西域古国之一，今天的乌兹别克斯坦仍有粟特部落的传人，突厥是历史上活跃在蒙古高原和中亚地区的一个游牧民族。

画面中的粟特人多卷发、深目、高鼻、多髯，身着圆领窄袖紧身长袍；而突厥人披发，穿翻领紧身长袍；妇女皆绾发髻，着圆领束胸长裙。画中出现的胡旋舞、葡萄藤、绶带鸟、来通酒杯等，都具有明显的域外特征。

整个围屏图像，以墓主夫妇宴饮为中心内容，由于贴金箔作底，显得金光灿灿，十分夺目。为了追求画面的叙事性，每扇屏风都被分成了上下两个部分来展现故事情节，画面构图十分充盈，以刻画人物为主体，主体金色和红色的基调，装饰感强烈。

这件石棺床是干什么用的？是不是用来放置尸体的呢？这个我们一会儿再讲，我们先来讲讲这个墓主人——安伽。

根据甬道内出土的墓志：

> 安伽，字大伽，姑臧昌松人。

姑臧是甘肃凉州的一个古称，凉州现在是武威市管辖的一个区，昌松是位于凉州东南一百二十里的一个县城，这个安伽在公元 579 年五月去世，时年 62 岁，生前为同州萨保，同州是今天陕西省渭南市大荔县。萨保是一个什么样的官职呢？萨保是管理旅居内地的胡商的一个官职，同时还是祆教的首领，管理着祆教事务。祆教是世界上历史最悠久的宗教之一，又称为拜火教、火祆教。6 世纪或稍早时传入中国。祆教作为粟特人主要信奉的宗教，在公元前 5 世纪之前已大面积流行于波斯，随着波斯帝国的扩张、与中国文化的交融传入中亚，而后经新疆、河西走廊传入中原。

据目前材料可知，类似于安伽墓的这种围屏石榻，只在入华粟特人墓葬中出

▲ 寂静之塔

土过，在中原墓葬与中亚地区的墓葬中均没有出现过此种形式的榻，由此说明这应是胡汉文化交融的产物。这件围屏石榻基本形式是魏晋时期的有屏木榻的造型，但是屏风画的内容却完全是一派西域的风格，通过对中式有屏木榻的改造，安伽不仅表达了他对萨珊文化的追慕，同时也显示出他沟通华夏和波斯两种不同文明传统的努力，安伽墓的围屏石榻充分表达了他及家人对不同文化的接纳和包容。

北周是少数民族鲜卑族建立的政权，又称后周，历经五帝，共二十四年，是南北朝中的北朝之一。北朝包括北魏、东魏、西魏、北齐和北周五朝，后来北魏分裂为东魏、西魏，北齐取代东魏，北周取代西魏。北周是由西魏权臣宇文泰奠定国基，他是西魏的实际掌权者，北周政权的奠基者。

实行胡汉融合的文化政策，或者说鲜卑族汉化自北魏时期就开始了，最大的推动者是北魏的孝文帝：他全面改革鲜卑旧俗，比如规定以汉服代替鲜卑服，以汉语代替鲜卑语，迁都洛阳，改鲜卑姓为汉姓，自己也改姓"元"，并鼓励鲜卑贵族与汉士族联姻，北周皇帝沿袭了北魏的做法，在思想文化上北周皇帝崇尚儒术，以儒家学说作为思想武器，努力去除鲜卑族的一些落后习俗。

北周正史《周书》里记载了这样一个故事：北周与北齐处于长期的战争关系中，彼此互相征战，各有胜负，势均力敌。当时的突厥十分强盛，周武帝宇文邕想拉拢突厥一起对付北齐，所以就多次派遣使者前往突厥，希望能与突厥联姻，在多次的努力之下，突厥首领木杆可汗终于答应将女儿阿史那氏嫁给宇文邕。

天和三年，也就是 568 年三月，阿史那氏抵达北周都城长安，宇文邕举行隆重的迎亲仪式，命令于翼总管礼仪制度。于翼本姓万忸于氏，是鲜卑贵族，出身官宦世家，是北魏名将于栗䃅的后人，他虽然是鲜卑人，但是非常崇尚汉文化，性格恭谨谦逊，精通中原的礼仪制度。阿史那氏带来了一个庞大的随行队伍，而这些跟随皇后来到都城的突厥人全都不懂礼法，一些人休息的时候竟然就直接蹲在地上，于翼就亲自给这些突厥人讲授礼仪，把正式迎亲时候的复杂礼仪一点一点教给突厥人，等到举行典礼的那一天，所有的突厥人都谨守礼仪，圆满地完成了结婚大典。由此可见鲜卑人对于中原文化礼仪的接受程度，从这个故事中，我们也就能理解安伽为什么会在墓葬里放置中原流行的围屏石榻作为陪葬品，而且实施了土葬，这都表达了对于中原文化的一种接受和崇尚。

架子床的起源

下页图是东晋画家顾恺之绘制的《女史箴图》局部，其中绘有一件架子床，床体较大，足座比较高，形制上为典型的"壸门托泥式"，即床足间做出壸门洞。壸门我们在前面讲青铜俎的时候讲过，就是中间向上凸起的尖拱形，下施托泥，托泥是垫于足下的长托板，又称"车脚"或"托脚"，四角立柱，

▲《女史箴图》（局部）

柱间围立高床屏，上设顶，四周张设帷帐，俨然一个封闭的空间，非常讲究、舒适。

这种架子床，应是汉代"斗帐"的发展，床上设帐在汉代即已流行，但帐架直接插于床座者则很少见。在床的周围施以可拆卸的矮屏，高约50厘米，在人腋下，高于后代床围，由12扇围合而成，前面的屏板可自由开合，供人上下出入，十分方便。床前放有与床等长的栅足式几，汉代称为"桯"，画中有一人垂足坐于床沿。

这张床的床帐与床体合二为一，可以说是"架子床"的最早实例。从图中的整体比例来看，此时的床已具备了高足家具高、大、宽的特点。魏晋时期床的应用比以前广泛，已经成为很普遍的坐卧用具了，随着高足坐具的影响，人们的坐姿也发生了改变，出现了垂足坐在床沿的情形。

对我们现代人而言，床是晚间睡眠休息的地方，是一个私密的空间，可是在魏晋时期，床还是一个处理公务和谈论政事的地方，而且在床上讨论佛理，谈玄论道是常有的事。魏晋时崇尚玄学，清谈不仅是当时世家大族名士们必备的文化教养，而且是一种具有审美性质的文化娱乐活动。挥麈谈玄，坐在高床上论辩的主客双方，动辄就谈个通宵。

在《世说新语》里记载了这样一个故事：东晋时期大臣、清谈家殷浩，在担任司徒左长史的时候，一次回到京师建康（现在的南京）。东晋权臣王导为他举行聚会，王导将挂在帐带上用于清谈的道具麈尾解下，麈尾就是一根细长的木条，两边及上端都插上兽毛，古人闲谈时用它来驱虫、掸尘。王导把帷帐打开，迎殷浩坐进床里，手持麈尾，兴奋地说，"身今日当与君共谈析理！"意思是说，我今天要和你好好讨论一下玄理。于是，王导与殷浩你来我往，谈得十分尽兴，一直谈到后半夜。

这就是魏晋时期的名士，恣意潇洒，快意人生。

魏晋时期的床除了可以谈玄论道，还是权力的象征，皇帝白天坐在床上处理公务，晚上就躺在床上睡觉，这个床被称为御床。

《三国志》里司马懿对魏帝曹芳说过这样一句话：

> 先帝诏陛下、秦王及臣升御床，把臣臂，深以后事为念。

意思是说，先帝诏令陛下、秦王（曹操的养子曹真）和我到御床跟前，拉着我的手臂，深为后事忧虑。从这句话就可以知道，御床是皇帝的坐卧用具，皇帝在临终之前会在御床前发布遗诏。

魏晋时期御床的地位就相当于后世皇帝的宝座，它的象征意义是独一无二的。

在《晋书》里记载了这样一个故事：泰始三年，也就是 267 年，晋武帝立次子司马衷为皇太子。当时八岁的司马衷才智平庸，毫不上进，朝廷大臣都认为他不能担起治国大任，所以太子少傅卫瓘总想奏请晋武帝废掉太子，但又不能明言进谏。因此在一次宴会之后，卫瓘借着醉意跪在武帝御床前大哭说："可惜了此床。"言外之意就是太子无能，没有资格坐在御床上掌理朝政，暗示要武帝废掉太子。武帝明知其意却没有采纳他的建议。这就是"卫瓘抚床"。从这个故事里，我们可以看到皇权与御床之间的紧密联系，魏晋名士为了国家的未来敢于进谏的精神也表露无遗。

御床既然代表了皇权，那么就不是谁都能登上的，就像后世的宝座，企图和皇帝同登宝座的人相当于昭告天下要篡权谋反。

在《世说新语》里就记载了这样一个故事：晋元帝司马睿在元旦朝会时，拉着丞相王导的手要登上御床。王导执意推辞，晋元帝仍是苦苦地拉他，王导说："如果太阳和万物同辉，那臣子们瞻仰什么呢？"这位丞相深知御床是皇帝权力的象征，作为臣子是不能与皇帝平起平坐的，皇帝是太阳，大臣不能与太阳同辉，大臣唯有在御床之下才能瞻仰皇上的丰仪。

说了这么多御床，那么这个御床到底是什么样子呢？西晋陆翙所著的《邺中记》为我们描绘了十六国时后赵国君石虎的御床：

> 石虎御床，辟方三丈。冬月施熟锦流苏斗帐，四角安纯金龙，头衔五色流苏……帐门角安纯金银鉴镂香炉……帐顶上安金莲花，花中悬金箔，织成緂囊。

石虎生性残暴，而且生活非常奢华。我们来看一下他的这个御床，首先是尺度，辟方三丈，在南北朝时期，三丈约774厘米，就是7米多，简直就是一个舞台；然后是帷帐，冬天的时候使用熟锦制成的带有流苏的斗帐，四个角上有纯金打造的龙形支架，龙口里衔着五种颜色的流苏，在帐子四周安放由金银打造雕刻华丽的香炉；最后是帐子的顶上，放置纯金的莲花，花中有金箔，在金箔里也盛有香。我们可以想象一下，石虎的这个御床，体形庞大，估计大半个屋子都是床，这张床可真是金光灿灿，流香四溢。

当然这应该是一个特例，皇帝的御床一般也不会做成这个样子。

魏晋时期，皇帝有御床，富豪虽不能使用御床，但也有各种珍稀材料制成的床，比如西晋时期大臣和富豪——石崇就有一张象牙床。在东晋时期王嘉编写的古代中国神话志怪小说集《拾遗记》里有这样的记载：石崇把沉香屑撒在象牙床上，让他所宠爱的姬妾踏在上面，没有留下脚印的赐珍珠一百粒，若留下了脚印，就让她们节制饮食，以使身体轻弱。奢华的象牙床本应是安寝之处，反成了虐待惩罚之所，可见魏晋时期富豪过着怎样荒唐的生活。

魏晋时期的床就像一面多棱镜，既折射出了文人雅士的不凡气度，又照出了昏君巨富的贪婪和恶俗，它不仅是谈玄论道之所，也是权力和威望的象征。

独坐式榻与壶门

在魏晋时期，普通人坐在席上或床上，统治阶级和富有人家除席、床以外，还有一种专供坐的家具——榻。《洛神赋图》是东晋顾恺之的画作，在这幅画中有两处绘制了曹植坐在榻上的场景。这两件小榻造型类似，唯有壶门形式有细微的差别，在造型上与汉式坐榻区别不大，榻体一般较汉榻要稍大且高，每一面都有两个壶门，四面共有八个壶门形态，曹植坐在独坐榻上，随从围在身边，显示了曹植尊贵的地位。

独坐小榻在魏晋时期仍然是一种身份和地位的象征。

《南史》里有这样一句话：

> 时沙门释慧琳以才学为文帝所赏，朝廷政事多与之谋，遂士庶归仰。上每引见，常升独榻。

意思是说，南朝刘宋时期，有一个和尚叫释慧琳，因为才学卓著被宋文帝所欣赏，朝廷的很多政事，宋文帝都与他谋划，士人和平民都很敬仰他。皇上每次召见他，都让他坐在一个独坐榻上。可见在魏晋时期，能够坐在独坐榻上是一种礼遇。

《世说新语》里记载了这样一个故事：东晋时期有一个叫刘爱之的人，善谈

▲《洛神赋图》（局部）

▲《洛神赋图》（局部）

老庄哲理，年轻时被清谈家、中军将军殷浩所赏识，便把他推荐给中书郎庾亮。庾亮很高兴，就选他做了僚属。见面后，庾亮让他坐在一张独榻上，跟他交谈，刘爱之那天的表现却跟殷浩的说法并不相符，庾亮大失所望，就给他起了个外号——"羊公鹤"。为什么叫"羊公鹤"呢？原来，西晋时荆州刺史羊祜养了一只鹤，此鹤善于舞蹈，羊祜就在客人面前夸耀，客人试着叫人把鹤赶来，并逗鹤表演，可是鹤却羽毛松垮，只是张羽展翅，不肯起舞。羊公鹤就是用来比喻有名无实的人。在这个故事里面庾亮让刘爱之坐在一张独榻上，也代表对他的尊重。

《洛神赋图》中的独坐榻非常引人注目的就是壸门的造型，我们下面就来讲讲这个壸门。"壸"读作 kǔn，属于生僻字，与"壶"字的区别仅在于下半部分"业"与"亚"的一横之差，在字形里尤易混淆。

"壸"是什么意思呢？

《尔雅》记载：

> 宫中衖（xiàng）谓之壸。

意为宫中的道路叫作壸。"壸"常作"宫壸"，指内宫，泛指妇女居住的内室。"壸"字意为宫中的道路，而宫中道路又很宽广，所以"壸"还有扩充、扩大的意思。壸门的造型是两条接合的曲线拼成了尖角向上翻的"大括号"形状，两端延伸下来垂直于地面的线与上部组成了类似蒙古包形状的闭合图案。从上往下，就是一个扩充的感觉，这就呼应了"壸"字的原意。

这个图案将板足镂空，令本该沉闷的板足陡然生出畅快空灵的观感体验。这个闭合图案就是壸门的基础形状。商代以后，壸门渐渐成为中国家具与建筑中框架结构形制的主流，在边框和腿足之间起到一个承接的作用。

壸门装饰最早出现在商周时代的青铜器中，如我们前面讲过的辽宁义县出土的商代青铜组，它的形态伴随着家具结构的变化而发展，历经几千年从未消失，并逐渐成为家具设计的灵感来源。

▲ 壶门

▲ 家具中的壶门造型

▲ 辽宁义县出土的商代青铜俎

壶门是具有宗教属性的一个设计形态，它初现于我国商代青铜家具之上。虽然商代没有明确的宗教出现，但已具有完备的神学体系，且商人尊鬼重神的观念极强，政治文化均与神学相关，当时的青铜家具作为祭祀使用的礼器存在，是商人与祭祀之神互通的媒介，因此青铜家具是典型的宗教用具。壶门装饰绝非出于审美考虑，而是为了烘托祭祀的庄严肃穆，是出于宗教属性而产生的样式。壶门样式的神学色彩一直延续至西周晚期，到春秋战国就已脱离了宗教范畴，魏晋南北朝时期由于佛教的兴盛而再次回归宗教。

关于壶门的正式书面记载，目前最早发现见于宋代李诚所著的《营造法式》中。据此书记载，壶门是佛塔的基座——须弥座的装饰纹样之一，常用于束腰部位，顶部是向上凸起壶门尖，用两段或多段圆弧连接肩部与底部的对称式图案，或在此轮廓内部附加其他装饰的组合图案。

在家具上，魏晋时期的家具壶门装饰变得比较普遍，比如前面讲过的《北齐校书图》中的大型板榻，以及《女史箴图》中的架子床，都有壶门形的装饰，这与魏晋南北朝时期佛教的兴盛有很大关系。家具中的壶门结构既节省了木料、增添了美观度，使家具的轻便性与稳重性之间有了平衡点，又可以作为家具表面的线刻装饰，同样兼顾美观与提供稳定空间的功能。

魏晋南北朝时期是一个有故事的时期，人性得到最大限度的释放，这一阶段的床榻总结起来有以下三个特点：

第一，洒脱的气质。魏晋时期人们喜欢谈玄论道，床榻为文人提供了讨论老庄哲学的舞台，这时的床榻不仅是人们休息会客的家具，更是绽放自由和展现智慧的精神家园。

第二，文化的融合。魏晋时期是一个民族融合的时期，少数民族和汉族的文化融合也影响到了家具的发展，比如我们讲的安伽墓中的围屏石榻，就是这种文化融合的具体体现。

第三，权力的象征。魏晋时期，朝代更替频繁，从家具中也能看出使用者的地位，比如御床，比如独坐榻，都是身份等级很高的人才能使用的，而且一些床榻极其奢侈，体现出这一时期权贵阶层的贪婪和堕落。

魏晋时期是人们的起居方式发生改变的时期，一些人仍然坐在席和床榻之上，也有一些人开始坐在凳子和椅子上面，这种起居方式的改变是如何发生的呢？为什么会发生在魏晋时期？最初的凳子和椅子的形象是怎样的呢？下一章继续介绍。

第十二章

坐之变革

在西汉韩婴所著的《韩诗外传》里记载了这样一个故事：有一天，孟子外出，妻子独自一人在屋里，踞坐在地上休息。恰在此时，孟子突然回家。他看见妻子踞坐于地的样子后，十分不满。他来到母亲的房间，对母亲说："这个妇人不讲礼仪，请准许我把她休了！"孟母问："这是为什么呀？"孟子对母亲说，我看见她坐姿不雅。那孟妻是怎么坐的呢？就是"箕踞"而坐，如此坐姿，不是一个守礼的妇人应该有的坐姿，孟子说完后依旧非常气愤，孟母听了儿子的叙述，慢慢地说："没礼仪的人是你。"孟子听了十分不解，为什么是我呢？孟母接着说："《礼经》上有这样一句话：'将上堂，声必扬；将入户，视必下。'就是说进屋前要先问屋里有谁，进厅堂要大声提醒，让屋里的人知道你回来了，进屋以后目光要往下看，不要直愣愣看着屋内的人。如今你进屋前不提醒，进屋后目光又没有先躲避室内的人，所以不讲礼仪的人是你，而不是你妻子！而且你妻子如此坐姿是在独处之时，而不是在大庭广众之下，这并不违反礼法，你连这都不懂吗？"孟子听了十分惭愧，不再提休妻的事情了。还好孟母明事理，不然孟妻就会因为一个坐姿的问题而被休了。

从这个故事我们知道，在古代，坐姿是一件大事，是在日常生活、社交活动中都必须注意的一件事情，是一件经常会被拿来讨论的事情，人们会以坐姿来评价一个人，男人女人都逃不过。

中国古代人们的起居方式，主要可分为席地而坐和垂脚高坐两个阶段。

从魏晋南北朝开始，汉人传统的席地起居习俗逐渐被放弃，垂脚高坐日益流行，至唐末五代垂脚高坐较为普遍，从而形成新式的高足家具，迫使传统的供席地起居的旧式家具退出历史舞台。

中国古人坐的变革是如何发生的呢？在魏晋南北朝时期出现了哪些适应新的坐姿的家具呢？

我们这一章就来讲讲坐之变革。

细腰圆凳与筌蹄

下图是敦煌莫高窟第 275 号窟中的一幅壁画——《月光王本生》。275 号窟是北魏时期的石窟，具体年代在 476 年左右。月光王是古印度的一个国王，名字叫月光，乐善好施。画中绘制的月光王只穿着短裤，垂足坐于绘有直条纹的圆凳上，它所模拟的应该是用植物枝条编织的凳子形象，此凳高度较高，中间细两头

▲《月光王本生》

▲ 蹬具

粗，和细腰鼓的形象很相似，所以起名叫细腰圆凳。

就中国的历史文献记载而言，凳是汉代以后出现的一种新事物，东汉许慎的《说文解字》中就无"凳"字。但是凳的形象在汉代已出现，只不过当时不是坐具，而是杂耍人员的一种道具。如辽宁辽阳汉墓壁画《杂技图》，图中描绘一杂技艺人正让一只类似狮子的动物在圆凳上表演，此圆凳中间细两头粗，与《月光王本生》壁画中的凳子整体形象是类似的，所以可以推断，在汉代，凳子是一种表演道具，还不属于家具的范畴。

除了作为道具，凳子在早期也作为蹬具。

汉代刘熙的《释名》中说：

> 榻凳施于大床之前、小榻之上，所以蹬床也。

意思是说，凳子放在大床的前面、小榻的上面，可以踩在上面上床。

在《晋书》里记载了这样一个故事：东晋太元年间，太极殿刚刚建成，当时东晋的重臣谢安想让王献之为太极殿题写匾额，但是又不好直接开口，就对王献之说："据传魏明帝建陵云殿的时候，上面的匾额没有题字，工匠就给误钉上去了，还拿不下来了，就让大臣韦仲站在凳子上面为匾额题字，韦仲写完了之后啊，头发和胡须都白了。"练习过书法的朋友们可能都有这个感受，就是悬臂写字是非常累的，得有一定的功力，而且韦仲不仅悬臂还要登高，所以是难上加难，以致"头鬓皓然"，后来韦仲就郑重告诉自己的弟子，以后不要再学习书法了。王献之明白谢安是在采用激将法让自己为太极殿题写匾额，就严肃地对谢安说："韦仲可是魏朝的一位大臣，如果真的是这样，我们可以看出魏朝不讲德行，所以它很快就灭亡了。"谢安听了，沉默不语，就不再逼王献之题字了。

对于一般人来讲，会认为能够为如此重要的建筑物题匾额，是何等荣耀的事，但在真正的艺术家王献之看来，书法乃是艺术家向世人展示风流的雅事，而站在凳子上面题写匾额，是被人奴役使唤，和工匠有什么区别？王献之还很不客气，拿韦仲悬凳题匾之事，讽刺"魏德之不长"，隐晦地说明自己题写匾额有损德政，弄得谢安无言以对。原文里有一句"乃使韦仲将悬橙书之"，所谓"橙"就是凳子，因其较高，故称"悬橙"。从这个故事里我们可以知道凳子在魏晋之初主要还是用来踩踏的。

在少数民族胡床传入中原后，各类专用坐具相继出现。

晋代吕忱所著的字书《字林》里说：

　　橙，牀屬，或作橙。

意思是说，凳属于床的一类，也写作橙。凳子慢慢就从踩踏用具变成了坐具。

在魏晋时期还有一种高型坐具，叫作筌蹄。

在梁武帝时期，有一个非常著名的反叛人物——侯景，他曾经被梁武帝册封为河南王，后来发动了侯景之乱，攻破建康，囚杀梁武帝父子。在《梁书》里有这样一段对于侯景祭祀时候的描写：

　　以輴（ér）床载鼓吹，橐（tuó）驼负牺牲，辇上置筌蹄，垂脚坐。

意思是说，侯景用丧车装载鼓吹，用骆驼背负祭祀用的牲畜，天子车上放置有筌蹄，垂足而坐。

这个筌蹄是一个什么样的坐具呢？

"筌蹄"一词来自《庄子》：

　　筌者所以在鱼，得鱼而忘筌；蹄者所以在兔，得兔而忘蹄；言者所以在意，得意而忘言。

▲ 捕鱼用具竹筌

这里面的"筌"即捕鱼用的竹笼，"蹄"即"兔网"。意思是说，筌是用来捕鱼的，捕到鱼就可以忘掉筌；蹄是用来捕兔的，捕到兔就可以忘掉蹄；语言是用来表达思想的，思想被领会了就可以忘掉语言。庄子认为，语言跟筌、蹄一样，是工具，筌、蹄的目的是捕鱼、捕兔，语言的目的是表达思想。所以如果思想能得以交流，那用什么语言就不重要了。

有学者认为，筌蹄就是细腰圆凳。因为筌蹄当中的筌，其形象与细腰圆凳很像，所以认为细腰圆凳的形象来自这种捕鱼用具。

也有学者认为"筌蹄"一词或从梵语音译而来，存在多种不同的写法、形态，佛经中除有"筌蹄"的写法外，还有"筌床""筌提""迁提""先提"等，作为坐具的"筌蹄"并非来自"鱼笱、兔网"，此二者不可混淆。我比较倾向于这种说法。周一良先生在《魏晋南北朝史札记》中也提到了筌蹄，认为"筌蹄形制不详"，为讲经时用具。筌蹄有可能是细腰圆凳，也可能是其他形式。历史的真实已经很难考证，但它确实曾经存在过，很多虔诚的僧侣们曾经坐在上面讲经论道，参悟人生。

细腰圆凳在后世慢慢就消失了，但是凳子却一直保留了下来，这个曾经作为表演道具、上床蹬具的器物在后来的几千年里不断发展演变，为古人的生活增添了许多色彩和乐趣。

胡床

　　下图是甘肃敦煌莫高窟第 257 号窟的北魏壁画，图中绘有二女子垂足坐在一张形似长凳的坐具上，这是一件双人胡床，与单人胡床结构相同。图中可见有两组交叉形式的腿支撑于胡床的两端，两个女人中一人两腿交叠放置，一人两腿并置伸向前面，这种双人坐的胡床，后世比较少见。

　　胡床不是床，与现在的马扎相同，是一种坐具，而不是卧具。

　　李白有一首诗歌——《静夜思》：

▲ 莫高窟壁画中的胡床

床前明月光，

疑是地上霜。

举头望明月，

低头思故乡。

马未都先生就提出，这里的床不是我们睡觉的床，而是胡床。具体场景是在月光笼罩的院子里，李白坐在马扎上面举头和低头，而不是躺在床上举头和低头。

中原地区本来没有胡床，胡床是什么时候传到中原的呢？

汉武帝时，张骞两次出使西域，丝绸之路开通，中国与中亚、西亚、印度往来频繁。胡床本为塞外游牧民族的常用坐具，约在东汉后期传入中原。

《晋书》中说：

泰始之后，中国相尚用胡床、貊槃。

泰始为西晋初的年号，貊是我国古代少数民族，槃即承盘，装食物的盛器。意思是说，西晋初年开始，中原地区的人们开始流行使用胡床和貊槃。

胡床在魏晋、隋唐时期使用得十分广泛，应归功于汉灵帝。

《汉书》中有记载：

灵帝好胡服、胡帐、胡床、胡坐、胡饭、胡箜篌、胡笛、胡舞，京都贵戚皆竞为之。

也就是说，汉灵帝对胡人的一切生活方式都很感兴趣，包括胡人的服装、胡人的帐篷、胡人的高足家具、胡人的饮食、胡人的乐器、胡人的舞蹈等，京城的贵族们都仿效皇帝的做法。

汉灵帝虽然在政治上极其昏聩残暴，可他是一个有力的改革者，他在生活起居的家具上极力倡导变革，所以在汉地最早使用胡床的人是帝王与军事将领。汉代，不论是在明君武帝时，还是昏君灵帝时，在文化上都能做到兼收并蓄，这是汉代一个重要的文化特征。

胡床的形式，自从东汉传入中国一直到现在，造型没有什么改变，以两框相交为支架，由8根木枋组成，其结构是前后两腿交叉，交点做轴，以方便翻转折叠，坐面为穿绳联结。

胡床在魏晋至唐时使用范围非常广泛，几乎在社会生活的各种场合都可以找到它的踪影，比如打仗、旅行、狩猎、竞射等活动。

首先胡床是军旅之中的坐具，因为折叠方便，便于行军打仗，颇受中原帝王的喜爱。魏晋南北朝时期，常见于战争中将帅使用胡床的记载，主将坐在胡床上指挥作战。

《三国志》里就有这样的记载：

> 公将过河，前队适渡，超等奄至，公犹坐胡床不起。张郃等见事急，共引公入船。

这里"犹坐胡床不起"的主角就是曹操。赤壁之战后，曹操与马超交战，曹军战败，欲渡河之际，马超大军赶到，曹操竟坐在"胡床"上纹丝不动，最后被随从拉着逃进船中，匆忙过河。在行军打仗的过程中，"胡床"作为供最高指挥官休息的坐具是不可缺少的。

胡床也可以用于行路，途中可随意陈放坐息，便于携带。

> 瓛（huán）姿状纤小，儒学冠于当时……游诣故人，唯一门生持胡床随后，主人未通，便坐问答。

刘瓛，南齐学者、文学家，他很有才学，博通《五经》，收了很多学生。这句话的意思是，刘瓛长得个头很小，但是在当时是儒学大家，他去各地讲学，见到很多学生和老朋友，他的唯一的门生就拿着胡床跟随在后面，如果大家有不明白的地方，刘瓛坐在胡床上给予解答，可以说是随时随地教学。

胡床便于移动安设，朋友聚会也可以使用。庾亮是西晋名臣，官至太尉。在武昌为官时，他的一些部下在南楼聚谈，见上司庾亮来了，众人正欲回避，庾亮说："诸君少往，老夫于此处兴复不浅。"意思就是说，各位，别走啊，咱们一起痛快地聊一聊，我兴致很高啊，于是，坐在胡床上开始和大家畅谈。看样子庾亮也是随身携带胡床。

狩猎时也可以使用胡床。《三国志》里记载了这样一个故事：曹丕狩猎的时候，需要有人提前抓一些鹿关到笼子里，等他到了之后再开门放鹿，但没想到有一次提前打开了笼门，导致鹿都跑失了。于是曹丕大怒，想要杀掉所有负责这件事情的人。原文有这样一句话："踞胡床拔刀。"可见，早在三国时期，"胡床"就被应用于狩猎活动之中。由于便于携带，后来的皇帝们在狩猎时也会命人带上这种可以折叠的坐具，于是慢慢便有了"猎椅"的名字。

南朝梁代文学家庾肩吾有一首诗《咏胡床应教》：

传名乃外域，入用信中京。
足欹形已正，文斜体自平。
临堂对远客，命旅誓初征。
何如淄馆下，淹留奉盛明。

▲ 胡床

这首诗开始讲胡床从西域传来，在中原流行，其中"足欹形已正，文斜体自平"二句，正道出了胡床的形体特征，说明它与一般四足直立的床不同，胡床的足必须交叉斜置床体才能平稳。这种交叉的斜足，是胡床形体的主要特点。也正是根据这一点，胡床在隋代以后改名为"交床"。

胡床改为交床，其实还有一个原因：

唐代史学家吴兢在《贞观政要》里是这样说的：

隋炀帝性好猜防，专信邪道，大忌胡人，乃至谓胡床为交床，胡瓜为黄瓜，筑长城以避胡。

意思是说，隋炀帝喜好猜忌，只信一些歪门邪道，对于胡人非常忌惮，所以把胡床改为交床，胡瓜改为黄瓜，而且还修筑长城来防御胡人。这里的语言可能有一些偏激，但是基本符合真实的历史。胡床这一名字逐渐淹没在历史的长河中，但是这件家具却一直保留到现在。

坐姿的变化——从跪坐到箕踞坐

1960 年从江苏省南京市西善桥南朝大墓出土的竹林七贤画像砖，它高 88 厘米、长 240 厘米，出土于墓室两壁。它绘制的是正始年间以来的七位名士和春秋时期著名隐士荣启期的形象，如下图所示，是当时贵族阶层墓葬壁画中流行的一种题材。我们要关注的是这些名士的坐姿，他们大部分坐得非常闲散，尤其是嵇

▲ 竹林七贤和荣启期画像砖

康、阮籍和王戎，其坐姿不同于我们之前讲过的符合礼仪的跪坐，而是采取箕踞坐：他们或伸腿向前，屈膝而坐，或向前伸直双腿，展其两足。

我们之前讲过，箕踞坐是一种不符合礼仪的坐姿，但是却有人故意这样坐以表达自己的某种特立独行的人生态度，其中历史上最早、最著名的箕踞者当为庄子。

《庄子》里记载了这样一个故事：惠子，也就是惠施听说庄子的妻子死了，便去庄子家吊唁，可是当他到达庄子家的时候，眼前的情景却使他大为惊讶。"庄子则方箕踞鼓盆而歌。"只见庄子叉开两腿坐在地上，手中拿着一根木棍，面前放着一只瓦盆，庄子就用那根木棍一边有节奏地敲着瓦盆，一边唱着歌。惠子非常生气，斥责庄子说："你夫人跟你一起生活了这么多年，为你养育子女，操持家务。现在她不幸去世，你不难过、不伤心、不流泪倒也罢了，竟然还要敲着瓦盆唱歌！你不觉得这样做太过分吗！"

庄子说："其实，当妻子刚刚去世的时候，我何尝不难过得流泪！只是细细想来，我的妻子最初是没有生命的，不仅没有生命，而且连身体也没有，不仅没有身体，甚至连气息也没有。在若有若无、恍恍惚惚之间，最原始的某种东西经过变化而产生气息，又经过变化而产生形体，又经过变化而产生生命。这种变化，就像四季交替那样运行不止。现在她又回到最初没有气息、没有身体的状态，静静地安息在天地之间，这只不过是回归到事物的原始状态，我有什么理由为这个哭哭啼啼的呢？"庄子用箕踞的坐姿来表达一种对于生老病死看透的通达的人生态度。

古代历史上，箕踞最风行之世就是在魏晋时期，这种违背礼法的坐姿当时甚至成为众多名流雅士竞相追逐的一种时尚，而其中最著名的箕踞之士就是极为推崇庄子的嵇康和阮籍。

《三国志》里记载了这样一个故事，三国时期魏国名士钟会出身于名门，还是曹魏的大将军，虽然政治得意，但是他对年长他两岁的嵇康很是敬佩。有一次慕名去拜访嵇康。原文有这样一句："康方箕踞而锻"，嵇康正在箕踞坐、打铁，大家想打铁的时候最合理的姿势就是两腿弯曲向前的一个姿势，这本身就是一个不合礼仪的姿势，而且嵇康看见钟会来了，根本没有招呼他，继续打铁，仿佛什么也没有看到。钟会非常生气，就准备离开。这时候嵇康对他说："（你）听到什么消息跑来的？又看到什么东西离开了？"钟会说："我听到我所听到的东西所以来了，看到了我所看到的东西所以走了。"钟会因此对嵇康怀恨在心。嵇康的箕踞之态，虽然是打铁惯用的方便坐姿，但同时是因为他内心厌恶和蔑视钟会而为之。

而与嵇康相比，阮籍的箕踞则可谓"有过之而无不及"。

《世说新语》里记载了这样一个故事：阮籍母亲去世，因为他当时任步兵校尉，所以中书令裴楷前去吊唁。原文是这样说的："阮方醉，散发坐床，箕踞不哭。"阮籍刚喝醉了，披着头发、张开两腿坐在床上，没有哭泣。裴楷到后，铺了坐席在地上，按照礼数哭泣哀悼，吊唁完毕，就走了。有人问裴楷："按照吊唁之礼，主人哭，客人才行礼。阮籍既然不哭，您为什么哭呢？"裴楷说："阮籍是超越了世俗的人，所以不用遵守礼制，我们这种世俗中人，还应该按照礼制来行事。"

裴楷虽然为阮籍辩解，但是阮籍的这种行为是不被当时传统礼教所接受的，可以说是当时世人眼中的异类，为什么礼法之士对于这种箕踞而坐的姿势如此反感呢？

这是因为在中国古代历史上，"坚夷夏之防"在很长时间是被礼法之士所尊崇的一思想，中国古代主张严格民族界限、尊崇华夏、鄙薄其他民族，强调华夏相对于夷狄的文化优越性，是一种由来已久且影响深远的社会思想观念，这种观念在包括坐姿在内的日常生活习惯方面亦有所体现。

《晋书》便以儒家文化主导的华夏日常礼仪

▲ 玄门十子图之庄子

▲ 阮籍像

为基准，用"居高临下"的姿态和难掩内心优越感的语气，以写实却明显带有揭异猎奇色彩的笔法，详细描述了中国古代东北民族"肃慎氏"流行的许多另类习俗：

坐则箕踞，以足挟肉而啖之。

意思是说，他们都箕踞而坐，用脚夹肉来吃。这一幕相当有画面感。

箕踞坐姿在儒家学派的拥护者眼中代表着一种低劣的文化，但是在魏晋时期却一度成为特立独行的人格的标志，不拘礼法的魏晋名士为中国起居方式的重大变革埋下了伏笔。

垂足坐和跏趺坐

下图是南北朝时期北齐画家杨子华绘制的《北齐校书图》的摹本局部，从图中可以看到一位老者"踞"坐在胡床，即垂小腿，两脚着地。胡床的传入和流行是中国起居方式改革的重大标志性事件，从此，中国人开始逐渐抛弃古代传统的跪坐礼俗，慢慢接受了垂足坐的生活方式，这在当时汉人的生活习俗上是一个重大的变化。

▲《北齐校书图》（局部）

在胡床传入以前，我国古代没有凳椅等专门坐具，只有床、榻可卧可坐。汉代已经形成的供席地起居的家具，有一个共同的特征，即无足或矮足，一般不及人小腿长度的二分之一，即 17—19 厘米。汉刘熙在《释名》中说：榻以其"榻然近地"为名，也就是说很低矮。在胡床传入以前，中原地区，从先秦时期的席地而坐，发展到秦汉时期床、榻上坐或卧，均为跪坐。

从东汉末年开始，胡床传入，并逐渐普及民间。胡床的坐法，与中国传统跪坐完全不同，因为胡床要高于当时的床、榻，所以汉人无法保持传统的跽坐方式，而是"踞胡床"，"踞"也通"据"，即臀部坐在胡床上、脚垂直踏地的意思。这种坐法称为"胡坐"。这在之前被视为不符合传统礼法的坐姿，它的出现对传统跪坐礼俗是一次较大的冲击。

怎么坐，如何坐，对我们当代人来说，从来不是一个问题，但是在北魏时期，这代表了一种政治态度，具体来说，跪坐就是更倾向于遵守汉族的礼制，而垂足坐就是更倾向于鲜卑化的习俗，比如北魏鲜卑拓跋氏在孝文帝改制以前，在《南齐书》里有这样一句话：

> 虏主及后妃常行，乘银镂羊车，不施帷幔，皆偏坐垂脚辕中；在殿上，亦跂据。

意思是说，北魏的君主和皇后妃子经常出行，乘坐银镂羊车，不设帐幔，都偏坐在一边把脚垂在车辕中；在殿堂上，也垂脚而坐。"跂据"即指垂脚坐。这种垂足而坐的坐姿明显就是尊崇了鲜卑族的习俗。

在魏晋时期，垂足而坐不仅代表对既有礼制的反叛，甚至已经成为对作乱者的一种形象化的描绘。

比如梁末侯景篡位后，《梁书》里是这样描写他的：

> 床上常设胡床及筌蹄，著靴垂脚坐。

在床上经常放置着胡床和筌蹄，穿着靴子垂足坐在上面，因为其坐姿不符合

▲ 思维坐

▲ 跏趺坐

礼仪，所以干出大逆不道的事情也在情理之中。

除了少数民族垂足而坐，很多佛教徒的坐姿也与中原礼法尊崇的跪坐不同，他们的坐姿常为跏趺坐或思维坐。所谓跏趺坐，为佛教徒坐禅的一种姿势，即交叠左右脚于左右股上坐，脚面朝上；思维坐，是将右小腿放在左腿上，左小腿和脚下垂踏地，这是跏趺坐和垂脚坐的结合。

佛教在魏晋南北朝时期非常盛行，南朝梁武帝时，仅京城建康一处就有僧尼十余万人；北魏宣武帝笃好佛理，每年常于宫中广集名僧，亲讲经论。当时洛阳城僧人达 300 万名，约占全部人口的十分之一。可以说从皇室、高门到一般人家，从各级官僚到普通百姓，无论男女都有信佛的，所以佛菩萨的坐姿对于当时人们的坐姿影响很大。

中原清谈名士和隐士们遗弃跪坐礼俗，各少数民族踞坐，佛教徒跏趺坐或思维坐，这些都变成了一股无法抗拒的潮流，推动着汉人由跪坐向垂脚坐发展。

人们坐姿之所以在魏晋时期发生改变，还有一个重要因素就是此时期服饰的发展变化。

中国古代服装的形制可以分为三种：上衣下裳、上下连属、上衣下裤。

第一个阶段，上衣下裳。"上衣下裳"至迟在商代就已经成为人们的着装形制之一了。上面着衣，下面配裳，男女通用，老幼皆穿。

第二个阶段，上下连属。上衣和下裳分裁之后缝在一起，形似今天的连衣裙。自东周时期产生，经过秦、西汉直到东汉才逐渐退出历史舞台。

上衣下裳和上下连属正是中国古代下裤不完善时所流行的两种服装形制。

第三个阶段，上衣下裤。东汉末年才有一种合裆裤，称为"裈"。这是伴随着魏晋南北朝时期的民族融合和交流，在中原地区乃至整个华夏民族地区盛行的一种着装形式。即上面着衣，下面着裤，可以把下身更加严密地遮掩起来，起到"蔽体"的目的。魏晋南北朝时期高型坐具的逐渐流行与推广，决定了传统起居方式的改变，即跪坐向垂足坐的转变。而上衣下裤的流行，使得这种高型坐具的流行与推广成为可能。

中原汉人由跪坐发展为垂脚高坐，这种民族重大礼俗的改变是极其缓慢的。由魏晋至唐末经过了八百余年的漫长岁月。这种坐姿的改

▲ 中国发现最早的连裆裤

变之所以能够在魏晋时期发生，可以归结为以下三个方面的原因：

第一，礼教崩塌。魏晋时期玄学兴起，一些特立独行的魏晋名士对礼教进行了猛烈的抨击，这也包括了对于传统跪坐的摒弃，这是从内部开始出现变革的机遇。

第二，民族融合。魏晋时期出现国内各民族的大融合导致了文化思想上的开放融合浪潮，少数民族的坐姿必然会影响中原地区人们的坐姿。

第三，佛教影响。东汉末期，佛教传入中原，佛菩萨的坐姿千姿百态，跏趺坐、思维坐、垂足坐等，同样也影响了中原地带人们对于坐姿的选择。

所以说，如果没有汉末以后国内外物质和精神文化交流所引起的碰撞，从而唤起的人们精神上的某种觉醒，我们的古人便不可能由商周至两汉汉人的跪坐，发展为唐以后汉人普遍的垂脚高坐。

古人高坐之后，家具必然要跟随着发生变化，椅子开始出现了。椅子的起源是什么呢？它是来自西方还是来自印度呢？最初的椅子的形象是怎样的呢？椅子从一出现就叫椅子，还是有其他名字呢？咱们下一章讲解。

第十三章　古风胡尚

在《晋书》里记载了这样一个故事：杜锡是西晋名将杜预的儿子，他学识渊博，年纪轻轻就享有盛名。后来，他被晋惠帝指派为太子舍人，陪伴在愍怀太子身边。愍怀太子生性散漫，终日玩乐，不思上进，耿直的杜锡总是苦苦劝谏太子，言辞十分诚恳。但太子非但不听，反而对杜锡心怀怨恨，觉得他总是针对自己。一天，太子为了整他，竟然在杜锡常坐的毡子里插了几根针。杜锡没注意，坐下时屁股被针扎出了血。疼痛让杜锡心神不宁，但是又不能表现出来，这就是成语"如坐针毡"的来源。

毡在魏晋时期是一种坐卧时铺设用的家具，属于席的一种。

魏晋时期是中国历史上最丰富多彩的时期之一：有人高坐，也有人低坐；既有古风，又有胡尚；既有中原文化的影响，又有西域少数民族的影响；既遵循儒家思想，又崇尚新兴的佛教思想。我们前面讲了坐的变革，但是高坐在当时还局限于一小部分人群和特定的场合，大部分人仍然席地而坐，席仍然是这一时期人们日常生活中的主要家具。

随着丝绸之路的发展，西域和北方少数民族纷纷进驻中原及佛教影响的不断扩大，东西方的经济和文化出现了大规模的交流与融合，一大批新颖的、具有西域和北方少数民族特色的毛织、棉织、毛丝或毛棉混织的茵席毡毯褥等流入内地，为传统茵席类家具的发展注入了新鲜血液。由西域传入的毛毡、地毯、毛褥等普遍受到汉人欢迎，尤其为皇室贵族和仕宦、富贾等极力推崇，成了当时铺陈用具的一大特色。这些新型的坐卧铺设用具使汉民族生活面貌大为改观，也影响了中原地区茵席类家具的发展，使这一时期的茵席类家具品种和制作工艺出现了一系列新的变化。

这一章就来给大家讲讲魏晋时期的这些低矮型的坐卧类家具——茵席毡毯褥。

簟与荐席

下图是北朝时期的夔纹锦席，出土于吐鲁番阿斯塔那北区88号墓，现在收藏于新疆维吾尔自治区博物馆。夔我们以前讲过，就是一足的神兽，我们从图片中可以看到其形式与我们讲过的夔纹很相似。锦席是一种纺织席，我们从图片中可以感受到其纹理非常细密，颜色鲜艳，红色和黑白两色对比强烈，有着浓郁的西域特色。吐鲁番阿斯塔那古墓位于吐鲁番市东南40千米左右，由于吐鲁番年降水量少、蒸发量高，这里曾出土过许多保存较为完整的文物和干尸，被誉为"地下博物馆"。所谓"阿斯塔那"，在维吾尔语中是"首府"的意思，据传为晋唐时期各族居民的公共墓地。

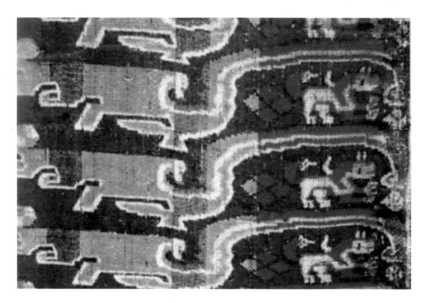

▲ 夔纹锦席

在魏晋时期，席和筵仍是最常用的坐卧铺垫用具，"下筵上席"的陈设形式在南北各地均很盛行。筵因为在使用时直接铺设于地面之上，故其功能主要在于隔湿、防寒、保护席子。筵的用料多为竹、苇类，抗压、抗蚀、抗踩踏的性能较席要强；席按其制作方法的不同可分为编席和织席两大类，此外还有特制的羊皮席、虎皮席、貂皮席和熊席等。席的图案花纹在魏晋南北朝时期已相当精美，编织手法和装饰色彩等也较汉代更加丰富，新品种、新工艺层出不穷。

我们今天讲其中的两种。

第一种叫作簟：

《说文》里是这样定义的：

> 簟，竹席也。

意思是说，簟就是竹席。

《诗经》曰：

> 下莞上簟，乃安斯寝。

意思是说，天气很热，下面铺一层莞席，上面铺一层竹席才能睡一个好觉。我们前面讲到莞席的时候讲过这句。

西晋文学家潘岳写了一首悼念亡妻的诗——《悼亡诗》，里面有这样两句：

> 展转盼枕席，长簟竟床空。

这两句诗表达了妻子离去之后，长长的竹席上只剩下自己一个人之后那种孤寂的心情。

第二种叫作荐：

中国古代百科词典——《广雅》里是这样定义的：

荐，席也。

意思是说，荐就其本义而言也是一种席，草荐作席通常称为"荐席""草荐席"或"茅荐"，以秸秆荐作席者又称"藁"。

宋代著作《增韵》里是这样说的：

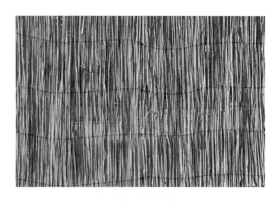
▲ 荐席

藁（gǎo）秸曰薦，莞蒲曰席。

这里的意思是，为了区别莞草和蒲草制作的席，秸秆做的就称为荐，强调了荐与普通席的不同，所以我们可以理解荐多用草秸类编连而成，其制作方法更接近于苫子，用途上则类似于筵。荐席主要铺于床席或榻席之下以防寒，一般不会贴身坐卧，很少用于待客场合。

簟与荐，一个光滑，一个粗糙；一个精致，一个简朴；一个放在上面做席，一个放在下面做筵，代表着不同的身份和地位，同时也代表着不同的生活态度。

《晋书》里记载了这样一个故事：东晋大臣王恭，才能出众但是非常节俭，王忱是他的同僚，二人关系很好。王恭曾随父亲从会稽来到京都住了一段时间，王忱去拜访他时，看见王恭坐在一张精美的六尺竹席上面，王忱非常喜欢，以为他还有这种竹席，于是就向王恭索要同样的竹席。王恭二话没说，就给了王忱一张。后来王忱再去看他的时候，发现王恭就坐在一张草席上。王忱非常惊讶，王恭却说："我从来不会给自己准备多余的东西。"王恭就是这样的俭朴和率真。

荐席是使用草秸秆编织而成的，所以它还可以有一个特殊的用途。

在《晋书》里还记载了这样一个故事：陶侃是东晋时期名将，出身贫寒，陶侃的母亲湛氏每天辛勤地纺织来养活陶侃。在鄱阳有一个范逵，当时很有名，有一次他投宿在陶侃家，正好遇到连日冰雪，陶侃家中空无一物，而范逵带了很多

▲ 蒲团

随行的仆从和马匹。陶侃急得不知如何是好，湛氏对陶侃说："你只管到外面请客人留下来，我自有打算。"只见湛氏剪下自己的长发，做成两套假发，卖出去后买回来几斗米，再将细屋柱砍下作为柴火，进屋把睡觉用的草垫拿刀割碎，作为马匹的粮草，原文是这样说的："剉卧荐以为马草。"就这样湛氏准备了丰盛的餐食，周全地招待了范逵主仆。范逵后来知道了这件事，感慨地说："没有湛氏这样的母亲，是生不出陶侃这样的儿子的。"到了洛阳之后，他对陶侃大加赞赏，极力推荐陶侃，后来陶侃终于出人头地。这就是"荐以喂马"的故事。

在魏晋南北朝时期，还出现了一种特殊的席叫作禅席。禅席的出现是与佛教传播分不开的。佛教在东汉时传入中国，但佛教的流行却是在魏晋以后。自十六国以来，佛教遗迹不断被发现，其主要分布范围是丝绸之路沿线和西藏、内蒙古一带。佛教的扩展趋势也是从西北向东南，从西域僧侣到汉族贵族，特别是北朝时期更为繁盛。

从保存至今的敦煌、云冈、龙门、麦积山等规模宏大的佛教石窟和壁画艺术来看，当时的僧侣阶层已相当庞大。僧人坐禅、讲经、礼佛等已十分普遍。因此，僧人专用的坐席——禅席，在当时已广泛出现于佛教寺院中。其形制有方有圆，以圆形禅席最典型，一般多用毛毡或蒲草等制作，周边缀以莲花、瑞珠等装饰品，有的还织绘出精美的图案花纹并绣制锦边。

这类禅席普遍较厚，有的则做成扁鼓状，内填丝麻毛絮等，从而成为新型的坐具，最初的禅席多以蒲草编织而成，"蒲团"一名即由此而来，它是具有中国特色的坐禅、礼佛用具，在南北朝以后十分流行。

这就是魏晋时期的席，席在魏晋时期既有古韵又有新风，既体现着宽厚为人的士人精神和中华美德，又展现出看透世事、坐禅入定的僧人风采。

▲ 清　佚名　《胤禛行乐图册·杖挑蒲团页》

第十三章　古风胡尚

茵褥

　　下图是南京西善桥南朝墓室壁画——《高逸图》，图中绘有竹林七贤，他们就座于青松与垂柳下，茵席之上，清谈玄学，表现出超凡脱俗的气质，人物穿戴虽具六朝特点，但他们仍延续两汉以来席地而坐的礼俗。我们从画中能看到他们所坐之席有一些类似动物毛皮的花纹，有可能有一定的厚度并且保暖，我们推断为了舒适，他们所坐之席极有可能是动物毛皮制成的。从这幅画中我们可以知道，这时的人们不但室内铺席，还时常捆卷携带于郊外，随地铺设。当时，以竹林七贤为代表的清谈之风盛行，他们好老庄蔑礼仪，时常于郊外饮酒弹琴，自号清谈，那么传统家具"席"也就成为这些高士的室外坐具。

　　我们在第一章讲席的时候，讲过这样一段，在《十过》里韩非子讲述了十种君主常犯的，容易导致亡国的过失："舜禅天下而传之于禹，禹作为祭器……缦帛为茵……"这里就提到了茵，茵也是席，是中国最古老的坐具，在《说文解字》里是这样说的：

▲《高逸图》

茵，车重席。

意思是说，茵是放在车里的垫子。茵有草茵、皮茵、布茵、丝茵之分。"褥"我们大家都很熟悉，又作"蓐""缛"，指坐卧时铺于身体下面的软垫。褥的形体一般比席要厚，要软，按其用料又可分为草褥、皮褥、毛褥、毡褥、布褥、丝褥等许多种。茵在汉代以后已成了各种垫褥的通称，"茵褥"常常并称，茵就是褥，褥就是茵。

晋代的王嘉在《拾遗记》里是这样说的：

周灵王二十三年，起昆昭之台……又设狐腋素裘、紫罴文褥。罴褥是西域所献也，施于台上，坐者皆温。

罴（pí）是一种体形高大的动物，就是我们现在说的棕熊或者马熊，罴褥就是采用熊皮制成的褥子。这句话的意思是说，周灵王二十三年的时候，修建昆昭台，他们还准备了精美的狐狸皮制成的白色的皮大衣，棕褐色马熊皮缝成的带有花纹的褥子，熊皮褥子是西域进贡来的，把它铺到台上，坐在上面的人都感到温暖。我们第一章的时候就讲过熊席，看来采用熊的皮来制作席和褥子的历史非常长。

这种熊皮适合冬天使用，那么夏天应该用什么样的褥子呢？

东汉光武帝朝学者郭宪在《东方朔传》中则提到一种"柔毫水藻之褥"，里面是这样说的：

荐蛟毫之白褥，以蛟毫织为褥也。此毫柔而冷，常以夏日舒之，因名柔毫水藻之褥。臣举手拭之，恐水湿席，定视乃光也。

意思是说，给我铺上蛟龙的毛做的贵重的褥子，这种褥子很凉，常常是夏天才铺它，所以叫作"柔毫水藻之褥"。我用手摸了摸，以为是水把褥子弄湿了，仔细一看，才知道褥子上面是一层光。这里面当然有神话的成分了。

这种蛟龙毛做的褥子确实比较玄虚，但是在汉魏时期，装饰工艺华丽的锦褥和丝褥还是比较常见的。锦褥，即以织锦绣边和以织锦做面的褥。这类褥在魏晋南北朝时期极为流行，其主要原因是这一时期的织锦工艺和织锦产量有了很大提高。魏晋时期的染织业和养蚕业十分兴盛，历朝均设有织染署、丝织局等。晋武帝为限制雕文绮组等过于奢华的丝织品，曾一次裁减后宫罗绮工人数百名，可见官府的织造工场在晋代就已相当庞大。

褥子作为一种铺垫的用具，和席一样，同席的人一定是身份、地位、志趣相同的人，我们讲过管宁割席的故事，使用一张褥子的人也一定得有深厚的情谊才行。

晋代的张勃在《吴录》里记载了这样一个故事：孟仁，字恭武，是三国时荆州人，后来做官做到吴国的司空，与六卿相当。孟恭武年少时，家里很穷，他的母亲为他做了一床厚厚的褥子和一床特别大的被子，"厚褥大被"，引起人们的疑问，怎么那么大。孟恭武的母亲说，我的儿子没有什么优秀的品质，可以结交朋友，做学问的人大多贫穷，穷得可能连被子都没有，所以我才做了这么一床大被子，让他们在天冷的时候可以一起钻被窝，增加他们的同学友谊，或许可以让他结交几个意气相投的朋友。

褥子是一种非常私人化的物品，能够同褥同被代表感情深厚，如果皇帝把席褥赐予某人，则代表着一种荣宠和重用。

柳庆远在南齐时，曾任尚书都官郎中、魏兴太守等职，柳庆远的从兄、南齐名将柳世隆曾对他说："我昔日曾梦到太尉把席褥赐给我，我得以位亚台司之位，不久前又梦到太尉把我的席褥赐给你，你一定会光宗耀祖的。"果然，后来柳庆远因为协助萧衍起兵，成为萧衍霸府的谋主。南梁建立后，累官至安北将军、宁蛮校尉、雍州刺史，封云杜县侯。这就是"梦褥"这个典故的由来。

当时中原内地的纺织原料仍以丝、麻为主，尚未有棉。棉布在当时有"白叠子""南布""斑布"等不同称呼，魏文帝初年，新疆的棉纺织品大量传入中原。

唐朝初期史学家姚思廉所著的《梁书》中说：

高昌多草木，草实如茧，茧中丝如细纩，名为白叠子，国人多取织以为布。布甚软白，交市用焉。

高昌，隶属于新疆维吾尔自治区吐鲁番市，"白叠子"就是一年生的非洲草棉。这段话的意思就是高昌有一种草木，它的果实就像蚕茧，在茧中可以抽出细丝，它的名字叫白叠子，人们把这些丝取出来织成布，这种布又软又白，可以在市场上买卖。这还真不是空穴来风，1960 年，考古工作者在吐鲁番高昌地区的墓葬里就发现了一些棉织品。

同样是在唐朝人姚思廉所著的《陈书》里记载了这样一个故事：南朝文学家、史学家——姚察聪明敏捷，得到简文帝萧纲器重，升至驾部郎中。身居要职以后，姚察非常注意保持清廉，除了自公家所得的粮米和赏赐，不收受任何人的礼品。他曾经的一个门生，送给他南布一端，花布一匹。姚察对他说："我所穿的衣服，只不过是麻布蒲綀这样的粗品，你送的这些东西对我来说没什么用，想和我交好，用不着这么费心。"这人再三请求，希望他能接受，姚察生起气来，板着面孔把他赶了出去，因此想巴结他的人都不敢再给他送东西。这里的南布就是棉布，这在当时是一个稀罕的东西，可以当作礼物来馈赠。

这就是魏晋时期的茵褥，它是古风和胡尚融合后的产物，从文化意义上与席类似，受到儒家思想的影响，但是从材料上已经吸收了西域传来的棉等材料，展现了独特的时代风格。

毡

右图是清代乾隆时期的《钦定补刻端石兰亭图帖缂丝全卷》的局部，图中描绘的是魏晋时期参加著名的兰亭集会的 42 位高士，他们都穿着蓝、绿、黄、褐色系袍服，坐在溪流旁边，他们座下所坐之物就是毡席，形制较小，刚好容一人

▲《钦定补刻端石兰亭图帖缂丝全卷》（局部）

坐下，其颜色为大红、绛红、明黄、杏黄等饱和度高的纯色，与大自然的绿色调子形成鲜明的对比。

在魏晋时期，受到西域文化的影响，席的种类和形制变得越来越丰富，除了筵席和茵褥之外，还出现了毡和毯。

我们先来说说毡，毡也称为毡或氈。

《说文解字》：

> 氈，撚毛也……蹂毛成片，故谓之氈。

意思是说，毡就是把毛搓在一起，变成一整片，这种铺垫用具被称为毡。

毡在纺织学上称为无纺织物，它并没有经过纺捻和编织加工的过程，它的出现远比任何一种毛织毯早。新疆地区气候较冷，在原始社会时期，已经广泛使用毡。我国古代制毡，是把羊毛或鸟兽毛洗净，用开水烧烫，搓揉，使其黏合，然后铺在硬尾联、草帘或木板上，擀压而成，我们现在居室中也常使用毛毡。

在西周时期，宫廷中已设了监制毡子的官吏，称为"掌皮"。

《周礼》中说：

> 掌皮掌秋敛皮，冬敛革，春献之，遂以式法颁皮革于百工。共其毳毛为毡，以待邦事。

意思是说，掌皮是西周时期的一个官职，负责秋天收取兽皮，冬天收取革，春天献上（以供王用），接着便依照旧例分拨皮革给百工。供给细褥的兽毛制作毡，以待王国有事时用。

毡在魏晋南北朝时期已十分流行，毡席、毡褥、毡帐等空前增多。

北魏贾思勰在《齐民要术》中对毛毡的制作技术和四时选料等有着明确记载：

> 春毛、秋毛中半和用，秋毛紧强，春毛软弱，独用太偏，定以须杂。

意思是说，制毡的时候，春天和秋天的毛各用一半，秋天的毛比较坚硬紧实，春天的毛比较柔软，单独用哪一种都不太合适，所以一定要混合使用。

毡褥的产量在三国时期已经十分庞大，在晋王嘉的《拾遗记》中有这样一句话：

锦绣毡罽（jì），积如丘垅（lóng）。

意思是说，各种华丽的丝织品和毡制品等堆积得像高耸的小山一样。

毡在魏晋南北朝时经常入诗，比如：西晋陆云在《芙蓉诗》里是这样写的：

一

盈盈荷上露。

灼灼如明珠。

二

寝共织成被。

絮以同攻绵。

三

夏摇比翼扇。

冬坐比肩毡。

那亭亭玉立的荷叶上，滚动着明珠一样亮晶晶的晨露。那两朵荷花并蒂绽放，宽大的荷叶是它们的锦被，锦被里絮的是情深满茧的同攻绵。夏日的清风吹来，荷叶轻摇如同比翼扇，冬夜里，围坐残荷暖毡，剪烛夜谈。

比肩毡是一种用动物的毛制成的毡。

还有一种毡，叫作青毡，它又有一些特殊的含义：

《晋书》里记载了这样一个故事：东晋时期，有位大书法家叫王献之。有一天夜晚，他在书房里睡得正香，突然被一阵响动惊醒。睁开眼一看，有三四个人正在书房内偷东西。那几个小偷正把几件值钱的东西往一只口袋里装。王献之躺在床上，一声不吭，静静地看着。小偷见屋内没有值钱的东西可拿，就将一只大吊橱打开，在里面翻拣。当小偷从橱子里翻出一件陈旧的毡子时，王献之忍不住开口道："伙计们，请高抬贵手吧，这件青毡子，是我们王家祖传之物。别的东西都可拿走，只把这件毡子留下就行了。"小偷们突然听见主人说话，吓得魂不附体，丢下东西，撒腿就跑。后遂以"青毡故物"泛指仕宦人家的传世之物或旧业。

魏晋时期，毡毯除居家使用外，当时还广泛用于军旅和出行等。毡除了可以打仗时保暖，还可以作为士兵逃跑时的重要工具。

在《三国志》里就记载了这样一个故事：曹魏大将邓艾征蜀时，因攻剑阁不下，乃偷渡阴平道，由于沿途尽是悬崖峭壁，曹军便凿山开道，搭设栈桥而过，路遇险坡时，邓艾便"以毡自裹，推转而下"，众将士依样"鱼贯而进"，终于全军通过摩天岭，斩将夺城，直逼成都，迫使蜀后主出降。毛毡为攻蜀成功立下了头功。毡毯类的铺设用具普遍用于军旅，由此可见其产量已非常之大。

这就是魏晋时期的毡，来自西域，但是被中原地区的人们所接受并喜爱，成为一件贵族阶层的流行物品，甚至成为战争时救急的交通工具。在战争频发的魏晋时期，毡也算是兼具实用性和精神性的一种家具了。

毯

右图是汉魏时期的彩色毛毯的局部，出土于新疆民丰1号汉墓，现收藏在新疆维吾尔自治区博物馆。我们可以看出其为羊毛制品，

▲联珠对凤锦覆面　出土于阿斯塔那古墓群

比较厚实，可以看见毛线的断头，颜色非常鲜艳，但因年代久远已经看不出其图案的本来面目。

毯是与毡相似的一种新型坐卧用具。

《广韵》中说：

> 毯，毛席也。

也就是说，毯就是带毛的席子。

毯的早期实物在汉代以前就已出现于当时的西域（今天的新疆地区中亚细亚等地）。西晋永嘉四年，洛阳地区出现严重饥荒，当时的凉州（今天的甘肃）刺史张轨派参军杜勋一次就给洛阳"献马五百匹，毯布二万匹"。毯布即类似织毯的细毛布，可见当时西北地区的织毛工艺已相当发达。

毯与毡的主要区别在于毯是经过混纺而成，表面一般有厚密的毛或绒；而毡则系毛、絮等混糅擀制，表面较毯略硬。毯与毡均为隔潮御寒佳品，轻便松软，易于折叠，是较编席类更为进步的铺设用具。

从有关魏晋南北朝时期的壁画、出土实物和文献记载来看，当时流行的新型铺设用品中最典型的有以下两类：

第一种叫作氍毹（qú shū）（阿拉伯语）。即用粗毛或毛与丝麻等混织而成的一种毡毯或毛褥，较厚。早期的氍毹制品还明显带有西域少数民族的地方特色，南北朝时期逐渐吸收了汉式花纹图案和制作技巧，成为一种十分轻便舒适的坐卧铺陈用具，在家庭生活和行军打仗中均被广泛使用。

《南齐书》中还有氍毹同宝帐、画屏等一同陈设的记载：

> 正殿施流苏帐……龙凤朱漆画屏风……坐施氍毹褥……

意思是说，在正殿上张着带有流苏的帷帐……龙凤纹的红色漆制屏风……坐在毛毯上。

有关氍毹的形象和实物在敦煌壁画和新疆十六国北朝墓葬中均有发现，是魏晋南北朝时期相当流行的坐卧用具。

第二种叫作氍毲（tà deng）（古波斯语）。它与氍毹的使用方式相同，是用细毛织成的上等毯褥，故比一般的氍毹更加细密精致，如同现在的毛毯。

东汉末服虔撰《通俗文》曰：

> 氍毹细者谓之氍毲，名氍毲者施大床之前，小榻之上，所以登而上床也。

氍毹中毛细的称作氍毲，它一般放在大床的前面，小榻的上面，蹬着它上床。

《世说新语》里记载了这样一个故事：王徽之，东晋时期名士、书法家，王羲之第五子。有一天去拜访郗恢，郗恢是太尉郗鉴之孙，小名阿乞，郗恢还在里屋，王徽之看见屋里有毛毯，就问郗恢家的仆人："阿乞从哪儿得到的这种东西！"还不等人家回答，就让随从把毛毯背起来赶紧送回自己家。不一会儿，郗恢出来发现毛毯不见了后就问王徽之，王徽之淡定自若地说："我看见刚才有个大力士背着它跑了。"郗恢听了，就明白了，他也不生气。从这个故事我们可以看出魏晋时期人们豁达不拘小节的生活态度。

这种细毛织成的氍毲在东汉时已有少量进入内地，不过主要是作为贡品和贵重商品而被宫廷贵族所享用。魏晋以后，氍毲随胡人入塞而不断传入内地，至于氍毲向内地的传播路线，目前来看主要有两条：一条是由印度经西藏向东传播，另一条是由中亚经西域沿丝绸之路向东南传播。后一条路线开辟较早，大约在西汉后期已达长安、洛阳一带，东汉时期已比较常见。

南朝宋刘敬叔《异苑》里记载了这样一个故事：晋代有个名医叫支法存，他医术非常高明，所以积攒了很多财富。他的家里有一条八九尺长的毛毯，上面织就各种图形，光彩夺目，还有一张八尺长的沉香木板床，居室芳香四溢。当时的广州刺史叫王琰，他有个大儿子叫王邵之，王邵之去支法存家看病的时候看见了这两个宝贝，于是就起了贪念，多次向支法存索要上述两件宝贝。支法存拒绝了王邵之的请求，被拒绝的王邵之觉得丢了面子，就诬告支法存豪横放纵，杀了支法存并没收其家财。不明不白做了刀下鬼的支法存想不通，冤魂不散，经常在刺史府内出现，他的冤魂一出现，堂上的大鼓就会被敲响，好像要叫冤。如此一来，经过一个月，王琰就被吓得得了病，常常看见支法存在眼前看着自己，没几天就死了。王邵之后来离开广州，回到家乡，没过几天也死了。从这个故事，我们可以看出毛毯在当时是一份珍贵的家产，和沉香木板床价值相当。

后来汉人还把西域的织毯技术与内地的丝织工艺相结合，从而织造出更为华美的丝毯、线毯以及丝线、丝毛混织的多色毯等。

这就是魏晋南北朝时期的融合古风和胡尚的低矮型的坐卧类家具，它多姿多彩，是时代特色和民族融合的具体体现。

这些席、茵褥、毡毯总结起来有以下两个主要特色：

第一，保留了中原地区文化特色并有所发展。

这一时期的低矮型坐卧类家具保留了中原地区的一些特色，比如筵在下、席在上，比如同褥代表志同道合，梦褥代表被重用，这都是深受中原儒家思想影响的表现。

第二，利用了西域地区技艺优势，为我所用。

魏晋时期是一个特殊的时期，佛教传入，民族大融合，充分利用西域的资源和技术优势。毛褥、毡和毯大量进入中原地区，丰富了席类家具的种类，也提升了人民的生活水平。

魏晋时期人们的生活是多面的，除了我们前面讲的这些坐卧类的家具，还有几案类的家具也发生了很多变化，这些几案是如何体现魏晋时期的独特的时代特色的呢？是否出现了一些新形式的几案呢？这些几案有出土的实物吗？下一章继续给大家介绍。

第十四章

闲散魏晋

皇甫亮是北齐时期的高级官员，官至大行台郎中，地位仅次于丞相，当时北齐执政的是齐文宣帝。有一次，文宣帝要考察各级官员的工作，颁下旨意，让几位等级较高的官员考察各自属下的工作并且奏报给他。可是身为高官的皇甫亮居然一连三日都没有上朝，文宣帝很生气，就派下属去找他。皇甫亮满身酒气地来到文宣帝面前，文宣帝生气地质问他："你为什么一连三日都不上朝啊？"皇甫亮一脸不在乎地说："我第一天没有上朝，是因为下雨了；第二天没有上朝，是因为我喝醉了；第三天没有来的原因，是我的酒劲还没有过去。"原文叫作："一日雨，一日醉，一日病酒。"下雨、醉酒、酒劲没过去，都可以成为不上班的理由，可见当时官场上的闲散之风到了何种程度。文宣帝听了之后，哈哈一笑，说："你倒是够坦率啊！算了，看在你如此坦率真诚的份上，就罚鞭打小腿 30 下吧！"原文叫作"杖胫三十而已"，这就是魏晋时期的皇帝和官员，一个闲散，一个宽容，所以这一时期从官员到普通的文人，都以闲散之风为时尚，竞相追逐，社会上的闲散之风也对家具的发展产生了很大影响。

这一章我们就来介绍几件具有闲散之风的魏晋时期的家具。

三足抱腰式凭几

右页上图是出土于安徽马鞍山的三国时期东吴朱然墓中的三足抱腰式凭几，它是魏晋南北朝时期最为流行的凭几形式。高 26 厘米、长 69.5 厘米、宽 12.9 厘米。几身作扁圆半环形，两端与中间分别施一兽蹄形足，三足均外张，使着力重心落在了一个三角支撑点上，十分符合力学的形体稳定原理。这种几的几面呈弧形，坐时无论左右侧倚还是前伏后靠都很方便，可以随时调整身体姿势，几的高度正好在腰部，不至于产生疲惫感。魏晋时期，这种三足凭几广泛使用于民间，成为当时生活中的主要家具之一。

▲ 朱然墓黑漆隐几

　　凭几在我国古代家具史上使用时间相当长，先秦两汉至魏晋时期，人们在席、床和榻上跽坐，久坐而累，故有时肘伏于几上。在魏晋之前，凭几多为两条腿，几面是直线的长条形状，呈比较规整的形制。到了魏晋时期，人们仍以席地而坐为主，凭几的造型发生了改变，从两条腿变为三条腿，几面从直线形变成了弧形，这种弧形凭几是凭几在这一时期的新形式。

　　三足弧形凭几在魏晋时期出现与当时的社会文化背景紧密相关。

　　魏晋南北朝时期，自从中原地区成为战乱之地，人民饱受战争之苦，豪门大户彼此兼并，恃强凌弱，贫苦百姓流离失所，饱受赋税徭役之苦，社会的纲常名教早已荡然无存。所以当时玄学盛行，士人放纵礼法、特立独行，崇尚清谈，追求隐逸超脱。人们的审美趣味逐渐发生了改变，文人士大夫讲究风骨、气韵和形象，一时风流。以"竹林七贤"为代表的士人阶层提倡"秀骨清像"，他们褒衣博带，放浪形骸。人们从极度严苛的封建礼仪中解放出来，向往和追求自由，传统意义上正襟危坐的形象逐渐松动，以往那些被认为是不敬的箕踞等自由坐姿在士人阶层流行。

　　当时士人阶层的标准形象是手握麈尾，倚靠三足凭几，坐于高榻之上，这种固定搭配成为士人阶层的一种身份和地位象征，更标榜和宣示着崇尚隐逸生活的态度，成为士人阶层的一种精神追求与向往。

　　这种类型的三足凭几不仅使用在身前，还大量地使用在身侧和身后，起到凭倚的作用，相较于之前的凭几，三足凭几由于其特殊的结构关系，与人体的贴合度更高。我们可以想象，当人们采用自由的坐姿，腿部向前自由伸展时，身体的重心势必会向后倾斜，因此，在身体侧面或后面就必须有可支撑和凭倚之物，因此，魏晋南北朝时期凭几的使用就越来越广泛。

《语林》里记载了这样一个故事：西晋时期，有一位著名的文学家叫孙子荆。有一次，他去拜访当时的吏部尚书任元褒，任元褒的门吏坐在凭几后面迎接他。孙子荆非常生气，就请求任元褒辞退这个门吏，门吏就为自己辩解说："我是因为做了错事被惩罚，身体非常痛，所以就用一根横木来支撑身体，并不是倚靠在凭几上面。"孙子荆斥责这个门吏说："一根横木下面有两个腿足的那就是凭几，况且你使用的凭几还是'狐蹯鸹膝，曲木抱腰'。"狐蹯鸹膝就是狐兽形状的蹄足、鸹鸟形状的弯腿；曲木抱腰，即横向的木板是弯曲的，可以环抱住使用者的腰部，这里特指半弧形的凭几。可见在当时使用凭几的人一般都为官员或者是地位比较高的人，而且表现出来的是一种闲适的状态，不适合正式场合，地位低的人在面对地位高的人的时候更不能使用。

1982年，湖北荆州江陵马山1号楚墓出土了一件形制比较特殊的木雕，发掘报告称其为"木辟邪"。这件"木辟邪"用树根雕成，虎首龙身，圆竹节状四足，

▲ 木辟邪

这件"木辟邪"的高度正好与人席地而坐侧靠或前伏的高度相适应，非常适合凭倚而坐，木辟邪通体髹暗红漆。朱红漆彩绘符合《周礼》中"彤几"之制，由此我们可以看出，这件"木辟邪"应该就是家具凭几，工匠们在制作这件凭几时巧妙地运用了具有楚民族特色的艺术表现形式，利用树根的天然形状来模拟兽类，出神入化，使其具有趋吉辟邪的功能且制作精美，并成为一件极具表现力的实用家具。

三足凭几在经历了六朝短暂的兴盛之后，至隋唐时期开始逐渐减少。魏晋南北朝时期出现的三足凭几既具有代表性意义，它自身的发展受到之前传统家具的影响，同时又影响到了之后的高型坐具，如椅子上的椅圈、靠背等，使这些坐具从此具有了中华本土文化的特色与身份，打上了中华文化的烙印，这为明清家具的发展奠定了坚实的基础。

隐囊

《北齐校书图》是北齐杨子华创作的绢本设色画，原本已经遗失，现存宋摹本，收藏于美国波士顿美术馆。我们前面讲榻的时候讲过这幅画，这里大家要关注的是榻旁围列的侍女。在榻的周围有五个侍女，均穿曳地长裙，挽相同发髻，或捧杯，或执卷，或抱凭几，或提着酒壶，或抱着靠垫，排列有致，顾盼生姿。其中一人怀中抱的我们称为靠垫的东西，在当时被称为隐囊。

隐囊是我国南北朝至隋唐时期流行的一种卧具，其外形为圆筒状的囊袋。隐，意为凭、倚靠。隐囊内部用织物或纤维填充，以丝织物为罩面，有的还绣上各种花纹图案，十分华美，可供倚靠身体，其作用如同今日的靠枕或者靠垫，隐囊的出现约在汉代，魏晋以后渐趋流行。

东晋葛洪在《西京杂记》里有这样一段话：

> 天子玉几冬则加绨锦其上，谓之绨几……公侯皆以竹木为几，冬则以细罽为橐以凭之，不得加绨锦。

意思是说天子使用玉几，冬季则在上面加盖绨锦，绨锦指的是丝绸，称为绨几。公侯使用竹木制成的几，冬季则以细毛织品做袋，来凭倚它，不得加套绨锦。这里要表达的是天子和公侯的日常所用，明显不同，都有制度在，不得违背。其中的罽（jì）指的是毛毡一类的材料，橐（tuó）是汉代对隐囊的一种称呼。可见在汉代已经出现了隐囊。

东晋时期也将隐囊称为"被囊"，如东晋裴启在《语林》里记载了这样一个故事：东晋时期，有一个人叫刘承允，传说中他非常宽宏儒雅，当时的政坛名士王导、庾亮和桓温都想结交这个人，有一次听说他来了，三个人就相约一起去见他。这个刘承允看见当时叱咤风云的三个大人物来了，非但没有起身迎接，反而慵懒地倚在被囊之上，对待他们三个爱搭不理，根本不想和他们应酬，聊了不一会儿，他们三个就出来了。遇此冷遇，王导和庾亮非常生气，责怪这个人真是傲慢无礼，有眼不识泰山。这时候桓温说："坊间传闻说这个刘承允非常贪财，我估计他肯定是藏有什么奇珍异宝，一定是有什么大生意要谈，所以才无心理会我们。"他们让下属返回查看，果然发现刘承允身下倚靠的被囊里全部都是古董珍玩，正在和一个大富商谈价钱呢。从这个故事我们知道被囊不仅可以倚靠，还可以藏进很多东西。

梁朝全盛之时，官宦子弟大都不学无术，这些贵族子弟喜欢用香料来熏衣，把精力都花在穿衣打扮上面，喜欢涂脂抹粉，出门的时候都乘坐长檐车，穿着高齿屐，坐在有美丽图案的华丽的丝绸坐垫上，靠着套有五彩线织成的织物制成的罩面的靠枕，身边摆着各种各样的古玩，从容自若地走来走去，看上去就像神仙一样。原文用的是"斑丝隐囊"一词，所以我们推测"隐囊"一词可能最早出现于梁代。斑丝隐囊指的是用杂色丝织物制成罩面的隐囊。

南朝陈后主也曾在宫中使用隐囊。《南史》中记载了这样一个故事：南朝陈末代皇帝陈叔宝对政事十分怠惰，百官的启奏都要通过太监蔡临儿、李善度呈递请示，陈叔宝倚在靠枕上面，听取贵妃张丽华的决断，让张丽华一起做决策。蔡临儿、李善度记不住的，张丽华都写成条款，无所遗漏。原文用的一个词叫作"上倚隐囊"，意思就是陈叔宝倚在靠枕上面。

陈後主叔宝在位七年

隐囊是晋代以后因士大夫清谈之风而产生的，龙门石窟维摩诘经变画和武定元年造像碑维摩诘说法图中，维摩诘手挥麈尾，倚靠隐囊，与文殊师利辩难，是现实社会名士之间清谈情景的真实反映。麈尾和隐囊的组合代替了麈尾和凭几的组合，说明此时隐囊已非普通卧具，而可以与麈尾、凭几一样成为象征名士身份的重要家具了。

案

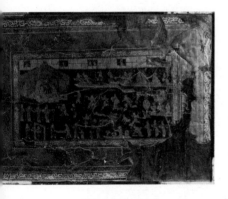

▲彩绘宫闱宴乐漆案

左图是1984年安徽马鞍山东吴朱然墓出土的"宫闱宴乐"漆案，这是一件矮足案，属于食案。魏晋南北朝时期的食案与两汉无多大区别，漆案呈长方形，案四缘略高于案面，缘上镶嵌鎏金铜皮。案背面加有两木托，木托两端以方榫安四条矮蹄足，足已残。

案面正中髹黑漆，四周髹红漆。主体图案为宫闱宴乐场面，共画55个人物，人物旁大多有榜题，如"皇后""长沙侯""虎贲""弄剑""女直使"等。上排左右分绘皇帝、皇后（大帐中）和诸侯、侯夫人等宴饮期间观戏的情景，下排以乐舞百戏场面为中心，两侧兼绘侍卫、从人和一干用器。每个人物的神态各不相同，画面富丽而生动。四周衬以云气纹、禽兽、菱形、蔓草等纹饰。墓主人朱然是三国时东吴的右军师、左大司马，其出身系当时江南的四大家族顾、陆、朱、张之一，该墓出土的漆木家具也是三国考古的一大发现。

这种食案与汉代的食案相比基本形制没有大的差别，不同之处在于案面内部的图案，其描绘的是一种大型宴饮的场景。宴饮是汉代画像艺术中经常表现的一个主题，但是将其绘制在食案表面还比较少见，这幅绘画中的人物都属于当时的上层人士。魏晋时期是一个战乱的年代，但是上到皇帝、诸侯，下到文人阶层始终抱着一种及时行乐的人生态度。我们从这件案上绘制的图案中能够感受到魏晋时期人们不问世事、耽于享乐、超然于世外的一种人生追求，闲散之风跃然案上。

魏晋南北朝时期的案仍分长案与圆案两类，每一类也分有足与无足两种。但从总体发展趋势看，有足案越来越多，无足案越来越少；后者逐渐被各种各样的盘、盏（碟）、托等所取代。有足案分为高足案和矮足案，高足案案面平整宽大，便于读书和写字以及存放物品。

在形体结构方面，南北朝时期的有足案较汉代已普遍增高，长案、大案已不稀见，翘头案明显增多。案足有的作直板状，有的作直栅状或曲栅状。东晋顾恺

▲《女史箴图》（局部）

之《女史箴图》中的曲足案，案面为长方形，两端安曲栅状足，足下有横木承托，案腿始于案面靠中心部位，两腿距离缩短，显得极为秀气。这种放在床前的长案，我们也称为桯。

在使用功能方面，南北朝时期的案已形成了食案、书案、奏案、香案等不同系列，案的专用名称表明了使用方式的不同。

《南史》里记载了这样一个故事：江秉之是临海的太守，以节俭而著称，可是对待有困难的亲朋好友却非常慷慨，动辄倾囊相助，结果他自己的妻子和孩子常常忍饥挨饿，家里经常入不敷出。旁边就有人劝他买些田产来经营，江秉之非常严肃地回答说：我是吃朝廷俸禄的官员，怎么能和普通人争利呢？在任的时候，他制作了一件书案，离任的时候并没有带走，而是留在衙门里。这里提到的案就是书案。从这个故事里可以看出书案在当时应该仍属于奢侈之物，只有官宦之家才能够拥有，普通百姓之家比较少见。

《三国志》里记载了这样一个故事：赤壁之战前夕，曹操向孙权派出使者示威。以张昭为首的很多大臣主张投降曹操。孙权拔剑砍断了面前的案，说出这样一句话：你们这些将帅官员，敢再说投降曹操的，就跟这个案一样！全部杀掉！我们推断这里的案应该是奏案。

同时，案与几，这里的几主要指非凭靠用的庋物几，在功能和造型上也趋于统一，"几案"合称的情况已很常见，尤其在文牍、学业和勤于政事等方面几案还成了它们的代名词。

《世说新语》里有这样一段：东晋开国元勋、政治家王导，有一天，他的主簿想去核查丞相的属下们的公文账簿，王导就对这个主簿说："欲与主簿周旋，无为知人几案间事。"即"我想多与你谈谈，没有兴趣知道其他人的公文案卷的琐事"。这里的几案就是指代一些案卷方面的琐事。魏晋时期的官场闲散之风盛行，那些兢兢业业勤恳之士反而遭到嘲笑，像王导这种虽身居高职，但是痴迷于清谈、玄学的官员，反而被人们追捧，我们可以猜想，王导想和他的主簿谈的不是琐事，一定是那些关于人生和天地的哲学话题，这种闲散的风气实为魏晋所独有。

这一时期，正直的官员对于政治的疏离态度，就常常使得奸臣当道，好人常遭到栽赃陷害。在《资治通鉴》里记载了这样一个故事：徐纥是魏孝明帝时胡太后摄政时的宰相，此人好慕权力，奴颜媚骨，嫉贤妒能，元顺是北魏宗室大臣，正直而且有才能。徐纥非常嫉妒元顺，所以徐纥就在胡太后面前诋毁元顺，结果最后元顺被外放为护军将军、太常卿。元顺在上任之前在西游园向胡太后辞行，徐纥站立在胡太后旁边，元顺一看见徐纥，就非常生气地对胡太后说："这个人是魏国的罪人，他不把魏国搞亡国不会罢休！"徐纥毫不在意地耸耸肩膀就走了出去，元顺大声地叱责徐纥，原文是这样说的："尔刀笔小才，止堪供几案之用，岂应污辱门下，斁（dù）我彝伦！"意思是说："你的那点刀笔小才，也就只能处理点小事情罢了，岂可以污辱门下，败坏天地人之常道！"于是拂衣而起，愤而离开，胡太后听后默不作声。这里的几案指的是公务上的小事、琐事，而不是影响国家前途和命运的大事。元顺这些忠臣没有空去关心这些政务上的小事，就使得奸臣有空可钻，在这些"几案之事"中做手脚，从而掌握了政治上的主动权，所以政坛上的这种闲散之风对于国家来说也多有危害。

　　总体而言，案在魏晋时期无论是从形式还是从功能方面，都比汉代更加丰富，而且高度更高，体量更大，这是从低矮型家具向高型家具过渡的重要特征。

多子榼

　　右图是出土于安徽马鞍山东吴朱然墓的七子彩绘漆木榼，榼内分为七个小格，在红漆之上用金、黑色漆分绘神禽或瑞兽：其中最大的一格内绘双凤展翅对舞，左右两格分绘生有双翅的天鹿和神鱼，下面四格则绘有麒麟、飞虎、龙雀和双鱼。整个画面线条流畅，色彩浓艳，动感极强，在绘画与设色工艺等方面均是一件难得

▲ 朱然墓的七子彩绘漆木榼

的珍品。器物底部用朱漆书"吴氏榼"三字。从朱然墓所出土的漆器来看，当时的漆画工艺已十分高超，漆画用色有红、朱红、黑红、金、浅灰、深灰、赭与黑等，绘画手法娴熟，线条舒展优美，同时又蕴有刚劲之气，为东晋以后铁线描画法的发展奠定了基础。

魏晋时期，榼是一种内部分成多格的器物，有方形和圆形两种，是产生并流行于魏晋南北朝时期的重要日用家具，是矮足案向托盘过渡过程中的一种特殊的家具。这种榼最大的特点就是便携实用，这与当时的社会风气不无关联。

我们先来讲讲榼的起源和发展。

在《说文》里是这样解释榼的：

榼，大车枙。

指古代大车辕前套在牛颈部上的半圆形曲木。

到了魏晋时期，榼的含义开始发生改变，在西晋左思的《蜀都赋》中有这样一句：

金罍中坐，肴榼四陈。

这里的肴榼指盛放食物的器具。意思是说，饰金的大型酒器放在中间，四面放置着盛放食物的器具。

这种盛放食物的器具内部常常被分隔成多个大小不同的区域，所以榼又被称为多子榼、多子盒、多子盘等，它是魏晋南北朝时期最具时代特点的家具品种之一。其形制主要包括长方形与圆形两种，使用方式与食案基本一致，另外也具有多子奁盒的功能。我们在讲汉代家具的时候讲过多子奁，是一种妆具，而多子榼是食具。

长方形多子榼的足座通常为方座式高圈足，足间挖成凸字形、弧形或券门牙子形洞，上面做成高子口深盘式，里面分作四至二十个正方形或长方形格不等；圆形多子榼的外形很像多子奁，其下也是高圈足，上面的深盘内分隔成数量不一的重环形、扇形小格，用法则与长方形多子槅一致。

当其用于饮食时，可在格内直接盛放各种菜肴与食品，不必摆放众多的杯盘，使用起来较汉代的食案槅更为高雅、简便，备用或不用时还可以加盖，既能够保温，又比较卫生，这就和我们现在吃自助餐的

▲东晋　青釉圆形槅

时候使用的餐盘非常类似，这就是魏晋时期的餐盘。当其用于盛放细杂物品时，不同的格子可依物品类别和大小各就各位，存取时一目了然，十分方便。

这种多子槅出现的时间最早不过东汉末，但一入魏晋后便迅速流行开来，使用地区遍及南北各地，数量上远较几、案等其他家具为多。其用料亦因生漆数量有限和工艺繁杂等而更多地采用了物美价廉的陶瓷原料，特别是新兴的青瓷和釉陶，不仅制作简便，而且还具有漆的光泽美，更为当时人们所喜爱。

槅还有另一个名称——樏（lěi）。

日本最早的百科全书《倭名类聚钞注》里有这样一段话：

　　　　樏，其器有隔，故谓之累，言其多也。后从木作樏。

意思是说，樏这种器物被分隔成很多个不同的小格子，所以称为累，意思就是说很多，后来在累字旁边加了木字，因为这种器物最初多用木材制成。

《世说新语》里记载了这样一个故事：东晋时期，有一个襄阳人叫罗友，被公认为气度不凡，才能突出，但是在年轻的时候却被人认为有些迂腐，甚至有点傻。后来，罗友出任广州刺史，在去镇守地赴任的那一天，荆州刺史桓豁（桓豁是当时东晋权臣桓温的弟弟，曾任荆州刺史，可谓权倾朝野）和他说："你晚上来我家，我给你饯行。"可是没有想到罗友却回答说："不好意思，我已经先有了约会，那家主人虽然贫困，但是他却盛情邀请我，而且据说花了很多钱财来置办这顿筵席，他和我有很深的交情，我不能不赴约，请您原谅我。"桓豁有点不太相信他的话，也很好奇这个贫穷的老朋友是哪一位，就暗中派人跟踪他。到了晚

上，罗友竟到荆州刺史的属官书佐家去了，书佐是当时主办文书的佐吏，一个非常普通的官职。罗友在这个书佐家里过得非常愉快，对待这个地位很低的属官书佐和对待名流显贵没有什么两样。可见罗友是一个不慕权贵的正直的官员。在罗友任益州刺史时，有一天他却对他儿子说："我们家存有可供五百人吃饭的食具。"家里人听了大吃一惊，因为他向来清白廉洁，家里怎么会有如此多的奢华的用具，细问之下，原来罗友说的可供五百人吃饭的食具是二百五十套黑食盒。原文用一个词叫作——二百五十沓乌樏，乌樏指的是有格子的不上油漆的黑食盒，多用于清贫之家，一沓可供两人用，所以二百五十沓乌樏就是可供五百人使用的黑食盒。这里表现的是罗友的清廉以及对待贫困之人的热情和好客。

多子榼在魏晋六朝时期的流行与当时的社会历史背景有密切联系。

魏晋时期是"强烈、矛盾、热情浓于生命色彩的一个时代"，人的个体生命意识得到觉醒，以士人为代表，把人生追求的重心从外在的功名和成就转向对个体生命和精神的珍视。我们前面讲了在这一时期，从官员到文人要么永不入仕，要么疏离于政治，从官场到社会都弥漫着一种闲散的风气，不做官，不处理政务，大把时间干什么呢？郊游、聚会、清谈，这就出现了魏晋时期独具特色的游宴和茶宴。

什么是游宴呢？就是选择一个人迹罕至、风景优美的山野，在外饮食，就是我们现在的露营。曹丕有一首诗——《善哉行》（节选）：

朝游高台观，夕宴华池阴。

大酋奉甘醪，狩人献嘉禽。

齐倡发东舞，秦筝奏西音。

有客从南来，为我弹清琴。

五音纷繁会，拊者激微吟。

这首诗里描述的就是人们在郊外游玩的情景，赏景，弹琴，唱歌，跳舞，真的是好不快活。游宴的目的在于寄情山水游玩享乐，这种游宴的活动必然要有美食和美酒，这首诗的第二句里面也提到了甘醪和嘉禽，所以这种方便携带的多子

榼一定非常受欢迎。

从考古发现来看，榼体量不大，质地多为轻薄的漆器，子母口的设计很方便叠放并成批搬运，正适用于游宴的场合。再加上榼内部大小分格齐全，可以提前做好主食、菜肴、果物点心，再分别放入方圆榼大小各异的盒中，一人持一个吃饭很是方便。

另外一种叫作茶宴，"茶宴"一词出现于晋代，指以茶代酒，只上茶、菜肴与茶果的宴席。茶最初用于茗饮，东汉人煎茶为药服用，魏晋时出现了茶粥，茶开始具备了一般饮品的属性，"茶宴"和佐茶的食物"茶果"等也应运而生。茶宴不属于正式的宴会，很随性，也符合魏晋时期人们崇尚闲散生活的风气，摆几样茶点就可以聚会聊天了，自由散淡，好不惬意。

在《封氏见闻记》里记载了西晋时吴兴太守陆纳招待谢安的宴会，其中有这样一句：

> 纳无所供办，设茶果而已。

这里描述的就是茶宴的情形，陆纳没有准备什么丰盛的饭菜，只是用一些茶果来招待谢安。

《晋书》里也这样记载了桓温的生活：

> 桓温为扬州牧，性俭，每宴饮，唯下七奠拌茶果而已。

意思是说，桓温担任扬州太守时，崇尚节俭，每次举办宴会，仅仅设七个盘子的茶食、果馔而已。这时的茶果为茶宴中食物的通称。

这一时期宴席上的食物都可以算作广义上的茶食，并且基本都是经过精细加工的，带有点心、小食性质的食物，这类食物个体小巧，比起一般菜肴更方便分食，从大小来说使用内部有多个空间的榼盛放再合适不过。

榼这种家具是魏晋时期非常兴盛的一种日用器具，因为适应了魏晋时期特殊的社会文化背景。到了后世，榼所指代的器具开始发生变化，慢慢演变为两种含义：一是房屋中有窗格子的门或隔扇，比如槅门；二是分层放置器物的架子，比如槅架。后一种含义可以算是魏晋时期的槅的延伸。可见同一个字在中国家具发展的不同历史时期所表达的含义是不同的，而同一件器物在不同的历史时期名字也一直在发生改变。

▲槅门

在中国的文化史上，魏晋风度是一道奇异的风景，其对后世文人的精神追求、人格境界、文化品位和行为风范，产生了极为深远的影响。魏晋风度在某种程度上可以归为一种闲散的文化，由这种闲散的文化发展而来的几种家具有以下两个特征：

第一，自然变化的造型风格。造型一改汉代比较规整的外形，变得更加贴近自然，比如三足凭几，可以采用树枝直接加工而成，隐囊也没有规

▲槅架

整的外形，有大有小，有方有圆，以最大限度满足人的需求为出发点。

第二，灵活随性的使用方式。这一时期的闲适文化使得家具的使用更加随性，比如三足凭几可以放在身体前面、后面、侧面，而隐囊可以枕在头下，也可以垫在身下，多子槅可以在室内，也可以拿到户外，可以放食物，也可以放置小的物品。

这一时期的人性在这些家具的加持之下得到最大限度的释放。

魏晋时期是一个文化上丰富多彩的时期，家具的风格也很多样，在魏晋时期是否有一些家具仍然体现出中国文化中的礼制精神呢？在一个人性得到极大解放的时期是否仍然会有一些家具承载着一些教育和劝诫的功能呢？如果有，是一些怎样的家具呢？下一章继续讲解。

豪奢魏晋

《晋书》里记载了这样一个故事：西晋时期，有两个大富豪，一个叫王恺，一个叫石崇。王恺是晋武帝司马炎的亲舅舅，文明太后的弟弟，根正苗红的皇亲国戚，家族财富极其丰厚；石崇是大司马石苞的幼子，虽然没做多大的官，但是极其会敛财，出任荆州刺史期间，劫商致富，积累了大笔家财。当时王恺在都城洛阳非常喜欢炫富，因为他是皇帝的亲舅舅，别人都忌他三分，正好这个时候石崇也回到了洛阳，偶然听说王恺在京城炫富很出名，就公开决定和他比富，王恺不服应下挑战。

　　第一回合，传说王恺家的厨房洗锅都不用清水，而是用昂贵的糖水，石崇听说后，就让自家厨房的仆役直接把蜡烛当柴火烧，这事一经传开，大家都说石崇比王恺富，第一个回合，石崇胜了。

　　王恺非常生气，于是他下令在府宅门外的大路两旁，用名贵的紫丝铺成了四十里的屏障，王恺出门走在紫丝铺设的屏障里甚是得意，众人见状纷纷感叹太奢华了，直接轰动了洛阳城。石崇微微一笑，马上命令仆人用比紫丝更加贵重的锦布在自家门口直接铺设了五十里步障，全洛阳的老百姓又是惊得目瞪口呆。第二个回合，石崇又胜了。这里插一句，步障就是一种可以移动的帷帐，我们在这一章要专门讲讲这种家具。

　　接着说王恺和石崇。

　　王恺不甘落后，心里不服气，就跑到皇宫向他的外甥晋武帝求援。晋武帝赐给王恺一株两尺多高的珍贵的珊瑚树，王恺喜出望外，心想石崇家里肯定没有此等宝贝。于是邀请石崇来赏珊瑚树，可是没想到石崇随手拿了一个铁如意直接将珊瑚树砸碎。王恺大惊失色，怒吼到："石崇，你没见过此等宝贝就要气急

金谷園圖
壬子小春寫于研香館
之東窓新羅山人呈

清　华嵒　《金谷园图》　画中中间人物为石崇

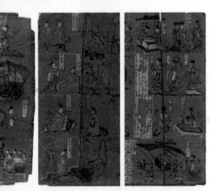

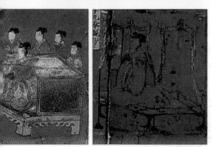

▲ 司马金龙墓屏风

败坏给砸碎吗？"石崇笑着说："失手而已，区区薄物，赔你就是啦。"于是带王恺回府，派人搬了几十盆珊瑚树出来，大部分都是二尺多高，还有几株三四尺高的。石崇指着珊瑚树对王恺说："你想要哪株随便拿。"王恺面露愧色、无言以对，最后两人斗富以王恺三战三败而告终，自此石崇富豪之名响彻洛阳。

魏晋时期，长年的战乱，使普通百姓过着悲惨、流离失所的生活，文人阶层则淡出政坛，看透人生，以清谈玄学为人生的主要追求，而控制政权的权力阶层和富豪大户则完全不同，整个上层社会都充满了追求奢侈生活的欲望。

我们前面讲了魏晋风度和闲散魏晋，大家感受到了魏晋时期起居方式的变革以及魏晋士人阶层的随性和闲淡，这一章我们要讲的是魏晋时期权贵阶层使用的家具，这是魏晋家具的另外一面，我们称之为豪奢魏晋。

司马金龙墓屏风

左图这件屏风是 1965 年从山西大同石家寨的司马金龙墓出土的。这具彩漆屏风因墓曾被盗掘而遭受破坏，出土时尚存面积较大的五块，出土时集中放置在一起，前后有序，大小基本相同，每块高约 80 厘米，宽约 20 厘米，厚约 2.5 厘米。屏板不仅上下有榫，而且两侧还各有上下两个榫卯，用以将相邻的屏板卯合在一起。从残存的屏风板面及其框架结构来看，原来的屏风应是三面围屏，屏风转角处原来应有折叠构件，可惜因盗扰朽烂而无法恢复其形制。

屏板是木胎，每个屏板内外皆绘有精美的历史故事画。屏板的装饰手法是在通体髹红漆之后，再用墨、黄、青、绿、白、橙红和灰蓝等油彩上下分绘为四层画面，每层画面均有题记与榜书，书写时先于红漆涂黄彩，再用墨勾出边界并作书。

此漆屏风在造型、构图、赋色、用线等方面都与同时代绘画及其他工艺作品有相近之处，它反映了当时家具制作工艺的新风格和高超的技艺。制作这样精美的屏风需要耗费大量的人力和财力，我们推测墓主人一定财力相当雄厚，这件精美的屏风艺术品也是能够体现豪奢魏晋的代表性家具。

我们来说一下这个墓主人——司马金龙，他是何许人也？

司马金龙，北魏大臣，琅琊王司马楚之次子，曾被擢为显祖献文帝（拓跋弘）做太子期间的侍讲。其父去世后，他袭爵琅琊王，官至吏部尚书、侍中。司马金龙家族本为东晋皇室，在刘宋之乱杀戮迫害东晋皇族之际降魏，从其父司马楚之北奔赴魏，直至北魏分裂灭亡，司马金龙家族始终与北魏皇室保持着相当密切的关系，家族成员普遍身居高位，司马金龙卒于孝文帝太和八年（484年），其时正当文明太后执掌朝政。

我们先来讲讲这个文明太后。

文明太后是北魏王朝杰出的女性政治家、改革家，也被称为冯太后。和平六年，也就是公元465年五月十一日，文成帝英年早逝，当时只有十二岁的献文帝拓跋弘即位，面对政局动荡，冯太后临朝听政，471年，献文帝去世，她拥立孙子拓跋宏即位，成为太皇太后，拓跋宏即位的时候只有五岁，所以文明太后二度临朝听政。前后两次加起来，文明太后执掌天下十五年，成为北魏中期全面改革的实际主持者，并对孝文帝改革产生重要影响。

那么文明太后与这件屏风有什么关系呢？

我们先来看看这件屏风上面都画了些什么。这件屏风之所以成为珍贵的文物，主要是其上绘制有精美的屏风画，这是一组人物故事彩绘描漆的绘画，我们刚才说了，这些漆画从上到下分四层，每层均有单独主题。

在屏风的正面画的是历代烈女的故事，屏风的背面画的是先贤的故事。烈女故事包括《有虞二妃》《启母涂山》《周室三母》《班女婕妤》等；先贤的故事包括《李善养孤》《李充奉亲》《素食赡宾》和《如履薄冰》。

为什么绘制这些故事呢？

一方面，在这些漆画中，取材于《列女传》的故事占了大半，歌颂的都是古代妇女的优秀品质。我们猜测之所以绘制这些烈女故事，除了对司马金龙妻姬辰的赞扬（因为这是司马金龙与其妻姬辰的合葬墓），更深层的含义，也是更重要的一层意思应该是对冯太后的间接赞颂。冯太后执掌北魏朝政大权十五年，在这期间，司马金龙家族之所以能一直位居高官，与冯太后的信任和重用是分不开的。司马金龙的父亲去世后，司马金龙承袭了爵位，成为琅琊王，而司马金龙去世之后，冯太后又对其儿子司马徽亮非常欣赏和信任，让其承袭琅琊王的爵位，这是一种无上的恩宠，可见司马金龙家族对于冯太后应该是非常感恩戴德的，在墓葬之中绘制这些烈女故事必定有歌颂和赞扬冯太后的含义在内。

另一方面，司马金龙虽为司马楚之与北魏皇族尚诸王之女河内公主之后所生，有一半鲜卑血统，但是在文化传统上信奉与践行的却是汉晋本色，他本人的先秦汉晋文化底蕴极其深厚。首先这些漆画的主角都是儒家学者所尊崇的先贤、烈女和孝子，是道德的模范，每一幅漆画上面的故事都是具有劝诫含义的，劝人从善，劝人忠诚，遵守孝道。这说明司马金龙深受儒家思想的影响；另外，我们从漆画中可以看到所绘人物的衣着打扮，也都是中原人士形象，这些都是鲜卑族贵族对于汉文化接受的有力证据。

但是，这一屏风的木框边缘所绘的却是环状缠枝忍冬纹，这是典型的北魏纹饰，所以这件漆木屏风是一件南北朝文化交流融合的产物，是汉文化进入鲜卑政权的一个极好的例证。无论是鲜卑统治者主动吸收，还是汉文化潜移默化，这幅漆画都可以看作鲜卑政权改造自身的一个信号。

这件屏风是魏晋时期最具时代特色和艺术水平很高的家具珍品，其中很大原因是其高超的绘画水平和精湛的制作技艺，如果不是由于司马金龙家族世代为官，积累了大量财富，这件精工制作，奢华的家具也很难制作完成，我们也就不能一睹1500多年前的屏风的卓绝风姿。

帷帐

右侧这 2 幅壁画来自 1949 年发现并发掘的东晋时期的安岳第 3 号壁画墓,又称"冬寿墓",它是已发现的十六国时期年代最早、规模最大、内容最丰富而又有高度艺术水平的墓葬壁画。该墓因墓主为前燕将领冬寿而得名。

我们从这 2 幅壁画中可以看到,冬寿夫妇二人坐在帐中,都是方形攒尖顶的独坐斗帐。帐门中开,掀起的帐分别向左右两侧缚在帐柱上,用朱绦系结。帐顶端饰一朵仰莲,四角安有莲花并垂饰羽葆流苏,帐后似有高座插屏,男主人也就是冬寿身后和左侧还设有华丽的榻屏,帐边立一符节,帐的两侧有"记室""小吏""省事"等侍卫,场面描绘极为华贵。冬寿是高级将领,所以他使用的帷帐无论从材料还是从制作上都非常奢华,也体现了统治阶层豪奢的生活。

帷帐使用的历史很长,我们前面也讲过帷帐。最初帷帐就是用于户外,后来进入室内,到了魏晋时期,由于战事的频繁和北方少数民族大量涌入中原内地,帷帐又开始在户外大量使用,而且具有活动帐架的帷帐更加流行。这种帷帐可以随时拆卸搬运到任何地方,其便携性更适合当时的社会环境。

《魏书》里记载了这样一个故事:北魏时

▲ 帷帐

▲ 帷帐

期，冀州刺史、京兆王元愉在信都造反，皇帝任命李平为镇北将军去讨伐他。李平进军驻扎在经县，叛军各路大军也向这里会集。夜晚，叛军数千人攻打李平军营前面的营垒，一支箭竟然直接射进了李平的军帐，李平泰然自若，躺在那里一动也不动，叛军以为李平并不在里面，就到其他地方找寻李平，李平就此躲过一劫。这里的帐就是户外使用的军用营帐，这是当时帷帐的一个非常重要的种类，专门在行军打仗时使用。

除了军用，魏晋时期，帷帐也大量在居家生活中使用，与屏风一样具有遮蔽和分隔空间的作用。

东晋张敞所著的《东宫旧事》里有这样一句话：

太子纳妃，有青布碧里梁下帪一。

意思是说，太子迎娶皇妃的时候，被赐悬在梁下的青色帷帐一个。

这里的"帪"即指"帷"，悬于梁下分隔空间之用。当时，虽同处一个大的建筑空间中，但是通过悬挂帷帐使得不同功能的空间被分隔开来，井然有序，而在需要时又可通过组缓挽系，快速达到空间的联通。

《晋书》里记载了这样一个故事：王浑是晋朝的司徒，妻子钟琰是曹魏时期著名书法家、政治家钟繇的曾孙女，儿子王济当时任中书郎，结交甚广，王浑有一个女儿，到了出嫁的年龄，便想给女儿找一个好人家。王浑和妻子钟琰知道儿子王济认识的年轻人多，便安排王济给妹妹寻找青年才俊。有一天王济碰到一位坚毅挺拔的军人，身材魁梧相貌不凡，更重要的是此人武艺高强同时还有些学识。王济便将此人情况向母亲钟琰汇报。钟琰要眼见为实，说道："你把他带到咱家里来，我要亲眼看一看这位青年才俊，看看是否真的像你说的那样。"王济便张罗了一个聚会，将一群年轻人召集到自己家中做客，当然也包括自己给妹妹物色的对象。一群年轻人吟诗作赋谈天说地，钟琰便在帷帐之后暗地里观察这群年轻人。聚会结束后客人都走了，钟琰就从帷帐中走出来，问王济："你说的是不是就是那个长相穿着如此如此的年轻人？"王济扬扬得意地说道："是啊！是不是一表人才？母亲可还满意？"钟琰说道："这个人出身寒微，虽然出类拔萃但是想要出人头地还需很多年，更重要的是这个人面相身形都不是长寿的样子，估计是个短命鬼，所以我不能将你妹妹嫁给他。"王济最后无奈地将这门亲事给回绝了。事情果然如钟琰所料，一年之后，这名青年才俊便一命呜呼了。从这个故事我们可以知道，帷帐在室内空间中起到一个遮蔽的作用，与屏风类似，因为织物的半透明特征，帷帐比屏风更适合偷看他人。

魏晋时期，大部分社会财富都集中在富豪大户手中，所以社会上弥漫着一种斗富的风气，文献中记载了当时的帷帐也相当奢侈。

《晋书》说到东晋权臣，大司马桓温之子——桓玄的时候有这样一段话：

> 及小会于西堂，设伎乐，殿上施绛绫帐，镂黄金为颜，四角作金龙，头衔五色羽葆流苏。

意思是说，和下属们在西边的厅堂中相见，歌伎们在演奏音乐，厅堂之上设有红色的丝绸制成的帷帐，上面有黄金雕刻的匾额，四角有金龙做成的帐座，龙头里面衔着彩色的羽毛做成的流苏。从帷帐的材料到帐座的材料都相当奢华。

在魏晋南北朝时期，只有统治阶级和贵族阶层才能使用帷帐，在使用中还有严格的等级制度，比如在《宋书》中记载，等级最高的锦帐只有二品以上的官员才能使用，而六品以下的官员，连绛帐也不得张设。至于"骑士卒百工人"，因身份低贱不得设帐。

因为帷帐在魏晋时期是身份和地位的象征，所以也常常作为一种国君赐予病重臣子的特殊慰问品。

《晋书》里就有这样一段话：

> 循羸疾不堪拜谒，乃就加朝服，赐第一区，车马牀帐衣褥等物。

意思是说，两晋时期名臣贺循得了重病，不能上朝拜见皇帝，于是皇帝就把朝服摆在殿上代表贺循，赐给他一座宅第、车马和床帐以及衣物等。

这就是魏晋时期的帷帐，可以在室外使用，也可以在室内使用，既可以分隔空间，又可以作为珍贵的礼物赠给有功之臣。魏晋时期的权贵阶层即使身逢乱世，不知明日权力是否仍然在自己的手中，但是在这一夜，那摇曳飘逸的帷帐也一定给他们的内心带来了一丝安慰吧。

步障与行障

▲北魏宁懋石室画像

左图是 1931 年 2 月在河南洛阳北邙山出土的北魏宁懋石室画像。宁懋为北魏时期武将，他的墓葬中设有一座石室，石室由八块石板组成，石板上刻有各种图案，其中正面入口处两侧石刻为一对执剑戟的甲胄武士，其余各面则为墓主人生活场景及孝子故事等内容。这里展现的是庖厨图的局部，我们以前讲过庖厨图，就是描绘为祭祀祖先准备食物的场景，在画面中，有多根立竿等距离地竖立在地面，一条高度直落至地的长帷幔被逐段钩挂在竿头，由此绕围出一处露天的临时场所，其内为厨房，有男女侍从手捧盘瓶之物恭立侍候。这种帷幔我们称为步障。

步障是一种带有特定形制、方便携带、能够临时张撑起来的帷帐，不仅会延展出相当的长度，而且还能弯成弧面，可以由人很容易地调整帷幕的走向，甚至合围成圈。富贵人家露天歇宿时，会择地架起步障，形成一道帷幔隔成的软墙。

从画面中我们可以看出，当时的步障之

▲ 步障

豪华、用料之奢侈实为惊人。魏晋南北朝时，它是上层社会生活中的一种常用
装备。

《南齐书》里有一段描写齐东昏侯萧宝卷的"事迹"，里面有这样一句话：

> 置射雉场二百九十六处，翳中帷帐及步障，皆袿以绿红锦，金银镂弩
> 牙，瑇瑁帖箭。

萧宝卷是南朝齐的第六任皇帝，是中国历史上著名的荒唐皇帝，所以他死后
的谥号为"炀"，这是一个恶谥，同时被废除帝号贬为东昏侯。萧宝卷在位时骄
奢荒淫，他曾经在狩猎场 296 个地方设置了起障蔽作用的帷帐和步障，都是用绿
色和红色的珍贵的锦缎制成。他还用金银制作弩机钩弦的部件，箭上也都镶嵌着

用玳瑁等宝物做成的装饰品，可谓极度奢华。皇帝在狩猎场可以设置步障，为的是寻欢取乐时不让平民百姓看到，步障可以用于野外，也可以随时张设在室内。

萧宝玄，南朝齐宗室大臣，江夏王。永元元年（公元499年），皇帝萧宝卷失德作恶的情形越来越严重，大臣们密谋废去他，而另立萧宝玄为帝。萧宝玄平日也十分看不惯皇帝的所作所为，这个时候他认为自己的机会来了，便联合南朝齐大将崔慧景东伐建康，后来崔慧景战败被杀。萧宝玄逃亡几天后，自知无路可去，主动投案自首。《南史》里有一段描写萧宝玄投案自首后的场景：

> 帝召入后堂，以步鄣（障）裹之，令群小数十人鸣鼓角驰绕其外，遣人谓宝玄曰："汝近围我亦如此。"少日乃杀之。

东昏侯召见他进入后殿，用步障将其围住，命令几十名下人敲着鼓吹着号，绕着步障奔跑，并派人对萧宝玄说："你最近也是这样围困我。"没过几天便把萧宝玄杀了。这里的步障就是用于室内的临时张设起来的帐幔，东昏侯这样做的原因实际上是对萧宝玄的一种侮辱和人格的践踏。

步障的主体是软性的织物，如何能够张设起来呢？我们前面讲的是用竹竿将其挑起，在《太平广记》里有更详细的描述：

> 太子纳妃，有丝布碧里步障三十，漆竿铜钩。

皇太子娶妃子的时候，皇帝赐给他青绿色的步障，并且搭配有"漆竿铜钩"，就是大漆髹饰的直竿和用来装设在顶部的金属钩，这个金属钩用来吊住帐幔，这就是步障的详细构造。

《资治通鉴》里记载了这样一个故事：前蜀后主王衍非常喜欢打马球，打马球本是当时盛行的一种游戏，但这位年轻皇帝非常奇怪，每次打球时，总喜欢让人张撑两列步障，随着他一起快速移动。就这样一路奔出球场，逸离宫苑，甚至直接跑到城内的街道上、市场中。因为被周围的步障遮挡了视线，所以王衍根本搞不清自己究竟闯到了哪里，当然也是无心在意。倒霉的前蜀百姓远远看见一围

▲ 模印加彩画像砖

华丽的锦帷如旋风般忽而东、忽而西地乱窜，下一刻竟很快地移动了过来，起先还猜不出是怎么回事，次数多了，才知道内里竟是一国之君在游戏。也许王衍真的曾如此荒唐，也许这只是人们编造的故事，但是不得不承认，这个故事有丰富的想象力，把一个昏君的乖僻与荒唐展示得如此生动。从这个故事中知道，步障是可以移动的帷帐，这一典型特征深入人心。

步障可以说是帷帐的扩展，它可以比帷帐展开得更长，它的特色在于既可用于庭院，又宜于施在郊野。东汉一些画像中已经可以见到步障的形象，但是它的盛行则在魏晋南北朝。

行障的出现与步障大抵同时或稍后。它仿佛是从步障中截取一幅，然后以一竿悬挑中央，比帷帐和步障更为精巧。古代贵族出游时常会使用，用作仪仗。

上图是河南省邓州市学庄村南朝墓葬出土的一方模印加彩画像砖，此砖刻画了四位侍者，两两为对，走在前面的一对手捧博山炉，紧跟在后的一对捧持略似伞盖的就是行障。行障同步障一样，可以移动，可以在户外使用，也可以张设在床上，与屏板结合，类似后世架子床四周的帷帐。

陈朝阴铿的《秋闺怨诗》中有这样几句：

独眠虽已惯，秋来只自愁。火笼恒暖脚，行障镇床头。

这首诗渲染了一个女性独居闺中的烦闷之情，后两句中描绘的是放在脚边用来暖脚的火笼和围在床头起遮蔽作用的行障。因为当时与床栏连作一体的帐架并不普遍，所以床的四周多以屏风和行障进行遮掩，形成一个私密的空间。

步障和行障也是权贵阶层的专属物，这是特权和财力的象征，魏晋时期的富豪们在这些奢华飘逸的丝绸和锦布中尽情享受着富庶的生活。

镜台

下图是顾恺之的《女史箴图》局部，从中我们可以看到东晋时的镜台形象。图中右侧一人席地而坐，右手抚发，左手持镜，且照且妆，镜中映出脸庞；左边一女临镜端坐，身后一女为其梳发，二女正前方设一镜台，旁边散放着梳妆用具。该镜台有一覆钵状基座，中间有一立柱，立柱中部设一长方形盒子，立柱从其中部穿出。铜镜置于立柱顶端，立顶插入镜钮以固定铜镜，镜钮处还有一红色丝带，其一方面是为系牢铜镜，另一方面也起装饰作用。

该镜台造型简练，高度基本与人坐姿视线平齐，立柱中间的长方形盘子可盛放梳妆用具。

《说文》里是这样解释"台"字的：

观四方而高者也。

意思是说，台是为了方便看到

▲ 东晋 顾恺之 《女史箴图》（唐代摹本）（局部）

周围的情况而建造的高于地面的建筑。

镜台是架设铜镜的专用家具，目的就是固定并抬高镜面，更方便梳妆。有的镜台上部还附有小型台面，可存放梳妆用具。镜台的使用彻底解放了梳妆者的双手，因此，镜台的出现是梳妆发展史上的一个重要里程碑。

镜台具体产生于何时，尚难以确定，但应该最晚在战国时期就已出现。由于战国时我国冶炼技术有了很大发展，铜镜产量大增。使用铜镜成为上层社会的时尚，并且长盛不衰。直到清代中期，更为明澈的玻璃镜传入中国，铜镜一统天下的局面才被打破，并渐渐退出历史舞台。

古人用镜有手执、悬挂和置于案上三种使用方式。手持铜镜照容的人物形象常见于汉画像石中，镜背有钮，钮上多系丝带，以便持握或悬挂。但当人们梳理头发、修饰面部或整理服饰时，倘若再手持铜镜，就显得十分不便，于是便出现了专门支撑铜镜的镜台。此画中的镜台形象基本上可以反映出4—5世纪，也就是东晋至南北朝时期，中国镜台的基本形式。

自古至今，为了追求美好动人的形象，梳妆打扮是妇女女课晨功的一项重要内容。"女为悦己者容""七分打扮三分样"，可见化妆在女性心目中占有何等的地位。魏晋时期，镜台已是贵族阶层梳妆时的必备之物，据文献记载，这一时期有装饰极为华美的镜台。

梁武帝萧衍的《河中之水歌》中有这样几句：

珊瑚挂镜烂生光，平头奴子擎履箱。
人生富贵何所望，恨不嫁与东家王。

▲ 南北朝　瑞兽纹镜

珊瑚镶嵌的镜台上，化妆镜璀璨生光。戴着平头巾的奴仆，为她提着履箱往来奔忙。人生富贵荣华哪值得留恋，直叫人悔恨没有早嫁给东邻王郎。这首诗描绘的是一个名叫莫愁的女孩虽然嫁给富贵之家却

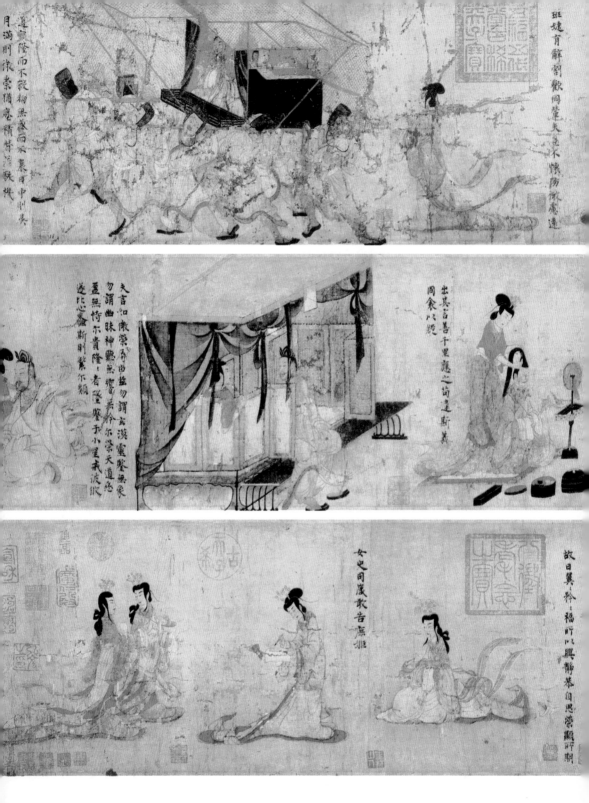

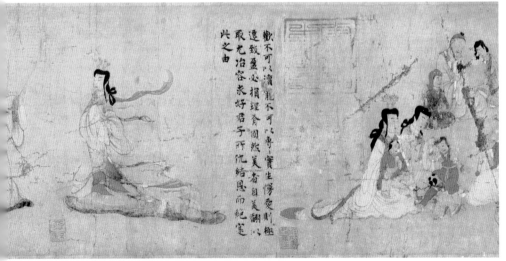

第十五章　豪奢魏晋

不慕虚荣的故事。前两句里描绘的就是富贵人家的生活，珊瑚镶嵌的镜台，奴仆成群。可见，在那个时代，贵重奢侈的镜台成为荣耀富贵生活的一种象征。

三国时期魏国郎中鱼豢所著的《三国典略》中，记载了一种特殊的镜台——七宝镜台。北齐时期胡太后让佛教徒灵昭制作了一架七宝镜台，这种七宝镜台共有三十六个室，另有一个妇人，两只手各拿着一把钥匙。只要旋转一个机关，三十六个室的门同时关闭。如果将钥匙从这个机关里抽出来，各个门全都开启，妇人的影像就会出现在各个室前的镜子里。有点像我们现在的立体镜子，胡太后就可以从多个侧面看到自己梳妆时的样子了，如若文献记载不虚的话，此镜台无疑是世界上最早的由机械制动的娱乐型梳妆用具。

因为镜台为女性闺阁之中常用之物，所以魏晋时期，王公贵族也常以贵重镜台作为聘礼。

《世说新语》中记载了这样一个故事：东晋名将温峤死了妻子，他的堂姑母刘氏一家因战乱流离失散，身边只有一个女儿，很是美丽聪明。堂姑母把她托付给温峤，请他帮忙寻找一个婚配的对象。温峤私下有自己娶她的意思，但是不好明说，就回答说："好女婿不容易找到，像我这样差不多的怎么样？"堂姑母说："经过丧乱衰败之后活下来的人，要求不高，只要能维持生活，就可以了，哪敢奢望能找到像你这样的人呢？"过了几天，温峤回复堂姑母说："我已经为您女儿找到成婚的人家了，门第大致还可以，女婿的名声官职都不比我差。"于是就送去玉镜台一座，作为聘礼。堂姑母非常高兴。到了成婚那一天，温峤站在迎亲队伍的最前面，身上竟然披红挂彩。一旁的堂姑母一看新郎竟然就是温峤，开心地一边拍手一边大笑说："我本来就疑心是你，果然不出我所料。"这个玉镜台是温峤做西晋时期名将刘琨的长史的时候，在北征刘聪时得到的，在当时也是稀罕之物。

魏晋时期，镜台仍然只限于权贵阶层中使用，也成为奢华生活的象征。

魏晋时期是一个倡导人性解放的特殊时期，这一时期玄学盛行，社会上弥漫着散淡、闲适和自由的风气，但是即使在这个时候，儒家思想仍然深深影响着中国古代人的生活，从这些制作精美甚至奢华的家具中我们可以总结出魏晋时期权贵阶层使用的家具具有以下两个特点：

第一，崇尚伦理道德，等级森严。比如司马金龙墓出土的屏风中绘制的先贤故事和烈女故事，就是崇尚儒家思想的伦理道德的体现。另外，帷帐只有上层社会才可以使用，步障和镜台也是贵族阶层的专属物，这都体现了家具具有严格的等级制度。

第二，制作精美，材料珍稀。由于社会的财富集中在少数富豪和统治阶层手中，而且由于社会动荡，富人们都有一种今朝有酒今朝醉的思想，所以家具选用极其珍稀的材料，比如石崇和王恺斗富，采用最珍稀的紫丝和锦布来制作步障，胡太后制作的七宝镜台，其豪奢程度都令人惊叹。

魏晋南北朝是中国的大动荡时期，连年战乱，前后一共经历了369年，一直到公元581年2月，北周静帝禅让于丞相杨坚，北周覆亡。隋文帝杨坚定国号为"隋"，自此中国重新进入了大一统的时代。中国古代家具的发展也进入了一个崭新的历史时期。

在这一时期，一个举世闻名的洞窟里留存了大量隋唐时期家具的图像，这些家具图像向我们展示了哪些隋唐时期不为世人所了解的往事呢？而在一个异国他乡的寺庙的仓库里，竟然发现了大量来自中国唐朝的家具，这些家具是如何来到这里的呢？为什么经历了1000多年的风霜洗礼，仍然可以保存得如此完好呢？越来越多的古人又创造出了哪些一直延续至今的经典家具样式呢？这些经典的家具设计为什么会让全世界的家具设计师争相模仿呢？

这些都会在《古韵流芳说家具》第二卷中一一讲述，敬请期待。